自然に学ぶ「甘くない」共生論

椿　宜高

学術選書 112

京都大学学術出版会

KYOTO UNIVERSITY PRESS

はじめに

　何世紀ものあいだ、生物学者たちは植物と動物を、採集し、解剖し、分類し、生態を観察してきた。そして、あまりの種の多様さに驚き、美しさに感動し、その神秘を解明すべく時間と努力を積み重ねてきた。このような純粋に生物学的な視点からの多様性を「生物学的多様性」と呼ぶ。しかし、生物学者が長い時間をかけて野生を記載している間に、人間の活動は次第に拡大し、森林を、草原を、川や湖を破壊し、動物や植物の存在を消滅させてきた。二〇世紀の中頃になると、危機を感じた生物学者たちは、大衆への啓蒙によって、生命の豊かさは人類にとっての必需品であることを説明し、保全の必要性を説得し始める。昆虫が好きで生物学の道を志ざし、その過程で自然保護や保全に興味を持つようになった私も、啓蒙された一人というわけだ。

　ただし、この啓蒙計画はあまり成功しなかった。生物学者らが共通して抱えた難題は、どうすれば自分たちが愛するものに他の人々が関心をよせてくれるかということだった。しかし、自然界のそれぞれの部分を、略奪から保護しようとしてきた人々のあいだには、倫理、哲学、戦略の不一致があった。植物相を保護すべきだと考えた研究者、野生動物の保護を主張した動物愛好家、自然景観の保全が健康に資すると訴える医療厚生の関係者など。これらを統合する、多様な分野のネットワークを構築できなかったのだ。これでは、経済効率を盾に主張する開発派にはとうてい対抗できない。開発派に「希少動物を守って、メシの種になるのか」と一蹴されるのがオチだった。

保全と開発とを、どのようにすれば同時になしうるのか？　増大しつつある人口からの要求と、野生生物の生息場所を保護しようとする人たちの要求とが、一致しないのは不思議ではない。両者の要求は経済的な開発主義、人権を前面に出す社会正義論、そして人類の長期的な生存をめぐって激突する。

自然保護思想の草分けとして、アメリカ合衆国に国立公園の理念を創始したジョン・ミューアを挙げることができる。彼の思想は自然を精神的な価値に満ちた聖なる源泉として「保護」することにあった。それに対して、連邦森林局の「科学的な専門家」たちの冷徹な経済理論による批判が立ちふさがる。自然は人間の福祉のための資源として賢明に利用されねばならないとする開発派との対立である。

今日の保全生物学者たちは、保護と開発という対立構造の解消を目指し、「生物学的多様性（biological diversity）」に代わって、「生物多様性（biodiversity）」という用語を使うようになってきた。この語が初めて使われたのはスミソニアン研究所と米国科学アカデミーが主催した「生物多様性に関するナショナル・フォーラム（一九八六年）」においてである。この用語を提唱した米国科学アカデミーのウォルター・ローゼンによると、「バイオロジカル・ダイバーシティ（生物学的多様性）という言葉のバイオロジカルからロジカル（論理的）を取っただけですよ。生物学的と呼ぶと、そこには情緒の入り込む余地がないし、心の入り込む余地もあるようには見えないから」とのことである。

このフォーラムには一万四〇〇〇人が参加し、主要な新聞の一面にこぞって掲載された。そして、一〇〇件以上のテレビ会議が、世界中に放映された。会議の一部は、生物多様性の価値評価に関するものであった。このフォーラムの成功によって、生物学的多様性を愛していた生物学者たちが生物の価値について語るようになってきた。加えて、開発の専門家、経済学者、さらに倫理学者や神学者までもが、生物多様性の危機について議論し始めたのだ。その後開催された、リオ地球サミット（一九九二年）では、生物多様性がアジェンダの主要項目の一つとなった。

科学としての「生物学的多様性」に生物への愛と価値評価を付加し、万人に議論を開放した概念が「生物多様性」と言えるだろう。価値観を拒否して客観性を保つのが伝統的な科学の考え方である。掟破りの概念を振り回す生物多様性研究はそれからどのように展開してきたのだろうか。

日本でも二〇一〇年ごろになると、生物多様性という語は、新聞やテレビに毎日のように出現するようになり、次第に知られるようになってきた。生物多様性の考え方が定着してきたと言いたいところだが、マスコミの紹介はかなり表面的で、まだまだ核心に迫っていないと感じることが多い。だいいち、生物多様性と生物学的多様性の違いが説明されることはまずない。それに連動するかのように「共生」の意味も正しく理解されていないようだ。きちんとアンケート調査したわけではないが、身近な人達の発言から推測できるのは「多様な生物が共存共生しているのは生物同士がお互いに協力しあって共生社会が生まれているからだ。生物が多様なほど人間にとって好ましい安定した生態系が創られる。だから、生物の絶滅が起きる事態は避けなければならない。ただし、人間に対して敵対的な生物は排除し、人間に協力的な生物との共生は歓迎する」といったところだろう。だが、生態学者がこれまでに積み上げてきた自然界の知識によると、このような甘い共生論は現実の共生の姿からはほど遠い。

生態学者は、種が互いに譲り合うときに共生関係が成り立つとは考えていない。そうではなく、あらゆる種は、ある時は他種を搾取し、またある時は他種から搾取されながら存続していると考えているのだ。搾取関係とは、食う者と食われる者の関係、病原体と宿主の関係、食物や棲み場所をめぐる競争関係などのことである。そして、共生とは、多様な種の搾取関係が複雑に入り乱れてそれぞれの個体数が維持されている状態のことだ。もちろん、搾取関係は種間だけでなく種内の社会のあり方(縄ばりや階層性などの社会構造)にも重大な影響を与える。いずれも、搾取する者と搾取される者との力の均衡によって共生が成り立つと考えられる。もちろん、ヒトと生物の関係も必ずしも平和的ではない。この本では、ヒトと生物の共生のあり方を、冷徹な目(甘くない共生論)を通して考察したい。

中学や高校の生物学で習った、共生の定義を覚えているだろうか。共生は二種(あるいは三種以上)の生物が同じ生態系の中で活動していることだ。ある生物の活動が相手に与える影響(損得)によって呼び方が変わる。イソギンチャクとカクレミノのように互いが得する相利共生、チータとガゼルの捕食関係のように片方が得し片方が被害を受ける捕食や寄生、同じ草原の草を食べるシカとウシの競争関係、片方だけが利益を受ける偏利共生も共生のうちだ。何の利害関係もない共生もありうる。にもかかわらず、相利共生だけが共生だという勘違いが多いし、敵対関係は共生ではないという誤解も多い。さらに厄介なことに、我々が生物間の損得関係を認識できるのは、ある瞬間の行動に過ぎないのであって、それが相手にどんな効果を及ぼすかが推測できる場合だけのことだ。生物の生涯を通して、防御行動、捕食行動などがどれほど次世代の繁殖に影響するのかについては、ほとんど測定できていない。多くの生物について観測するのは不可能なことかもしれないが、そのような困難さを意識しながら、現実の生物間相互作用、特にヒトとそれ以外の生物との共生関係とは何かを各章で探ってみよう。

この本は、二〇二〇年四月から二〇二二年三月まで『時の法令』（雅粒社編集、朝陽会刊行）に連載された記事「環境をめぐる課題への提言——生態学者の視点から」を加筆して編集し直したものである。各回は読み切り記事として書いたので、多様なテーマを題材にしている。そこで、全体を四部構成に整理した。

第I部「「甘くない」共生とは?」では、一般に広まっている共生についての勘違いを指摘し、生態系を生物間相互作用のネットワーク構造として解釈する。

第Ⅱ部「オスとメスの共生」では、性の進化について、細胞レベルや個体レベルでの性役割の分化、その結果として形成されてきた繁殖システムについて考える。さらに、動物で多様に進化した性の役割を安易に人間に当てはめる危険性についても指摘する。

第Ⅲ部「ヒトと自然の共生」では、自然生態系から得られる富を人間がいかに開発し分配するかという人間中心的発想からの脱却を試みる。ヒトも自然生態系の一部であるという発想に移行するために、どこまで発想を転換する必要があるかを考えたい。本書で取り上げたターゲットは以下のような誤謬である。すなわち、ヒトを進化の頂点と考える生物分類、ヒトが決めてしまう有害生物や絶滅危惧種、動物や植物は会話しないという思い込み、家畜や作物は人間が作り出したという誤解、人間は感染症に勝利してきたという欺瞞。

第Ⅳ部「人新世――変化する共生」では地球環境問題の根本原因であるヒトの人口爆発について考える。数多くの人口論が知られているが、その代表としてマルサス人口モデル、ボセラップ人口モデルを紹介し、イデオロギーに影響されていない将来予測モデルは存在しないことを指摘する。そして、増えすぎた人口のために人新世で何が起きつつあるのかを考えよう。

この本の中で頻出する「ホモ・サピエンス」、「ヒト」、「人間」、「人類」の意味の違いについて少し説明しておきたい。「ホモ・サピエンス」は生物学的な種学名であり、「ホモ・ネアンデルターレンシス」や「ホモ・ハビリス」など他の「ホモ属」の種と比較する場面で使っている。それ以外の文脈では原則として「ホモ・サピエンス」の種和名である「ヒト」を使った。「人間」は「自然は人間が利用するために存在する」、「人間は動物より優れている」など、ヒトと自然を対峙させる概念を紹介する場合に使っている。また、「人類」はしばしば「ヒト」や「人間」と同じ意味で使われることが多いが、この本ではもっと広く、化石人類を含めたホモ属の総称として使っている。

この本の元になった資料はおもに京都大学や京都産業大学で新入生向けに講義した「生物多様性」や「生物と環境」の講義メモである。受講してくれたのは文系と理系、時に体育会系の学生たちだった。彼らが混じった教室で、あまり専門的にならず、かつ表面的な議論にもならないように話を準備することは、難しくもあり、気持ちが高揚する作業でもあった。朝陽会には、その内容を『時の法令』に連載エッセーとして書かせていただいた。実は『時の法令』は法律家向けの雑誌であり、異分野にもかかわらず長期にわたって連載させていただいたことになる。連載のお誘いや励ましをいただいた雅粒社の中竹優歩さんと坂本知枝美さんには、わかりにくい用語などを指摘していただくなど、たいへんお世話になった。深くお礼申し上げる。

京都大学学術出版会には連載エッセーを単行本として出版することを引き受けていただいた。編集を担当していただいた永野祥子さんに深く感謝したい。タイトルや章立て、表紙デザインなどでも知恵を絞っていただいた。また、私が手遊びで描いた動物絵をイラストで使ったのは永野さんのアイデアだ。

さらに詳しく知りたい向きに便利なように、巻末に参考文献を紹介している。ただし、海外の文献については邦訳があるものに限定した。

自然に学ぶ「甘くない」共生論◉目　次

第Ⅲ部　ヒトと自然の共生

第Ⅳ部　人新世——変化する共生

第I部　「甘くない」共生とは？

第1章……成長の限界を超えた世界で

　ほんの数十年前まで、「環境」は我々の周りにあるもの、生活資源を採りに行く所、あるいは廃棄物を捨てに行く所、または開拓されない状態で残されている場所として理解されていた。自然に接したければ自然公園に行けばよいし、「生態系」や「環境」は、必要不可欠だが我々人間の存在とは切り離されたものとして認識されていた。その理由は、経済学者たちが環境破壊を外部的なものとして議論していたからだ。つまり、生態系や自然は企業経営者や経済学者、政策立案者たちが口を揃えて唱和する「開発」の対象であった。そして、自然の富の開発には深刻な限界がほとんど無いかのように、我々は思わせられてきた。

　生態系が人間の生存に必須であることに国際的な異論はないだろう。問題は、生態系からの自然の富が無限に得られるわけではないことだ。二〇世紀以前のヨーロッパも、自然資源が有限であることに気づかなかったはずはないのだが、資源は無限であるかのような経済理論が主流だった。当時は、国内の資源が枯渇しても未開の土地を植民地にすればいくらでも開拓できると思えたので、有限性を考える必要はなかったのだ。しかし、レイチェル・カーソンの『沈黙の春』（一九六二）やバックミンスター・フラーの『宇宙船地球号操縦マニュアル』（一九六九）などを通して、自然の富が無尽蔵ではないという理解が広まっていった。

しかし、様々な価値観や文化をもつ世界中の人々の間で、どのようなルールで自然の富を分配すべきだろうか。これまでの地球サミットなどの国際会議を振り返ると、効率主義、公平主義、持続主義という三つの論点に集約できることがわかる。どれを優先すべきか、激論が戦わされているのだ。

効率主義、公平主義、持続主義

効率主義は個人の自由な商品選択が社会を動かすと考える。たとえば燃費のよいハイブリッド車を開発すれば消費者の選択によって環境が守られるだろう。家電、建築、運送、医療など、あらゆる分野での省エネ商品開発によって資源の枯渇をできるだけ先延ばしすればよい。将来の科学の進歩と製品開発によって問題はきっと解決するに違いないと期待するのだ。効率主義はやがて行き詰まることは明らかなのだが、消費者には人気がある。効率化の工夫は企業に任せて、自分はただ商品を選択すればよい。しかも、省エネ商品を買って、環境に貢献した気になれるからだ。

公平主義は自然の富が先進国と途上国の間で適切に配分されるべきだと主張する。一九九二年にリオデジャネイロで開催された地球サミット（COP1）で行われたキューバのカストロ首相の有名な演説がある。長いので、さわりだけを紹介する。

「世界の人口のわずか二〇％でしかない人間が、世界の鉱物資源の三分の二と、エネルギーの四分の三を消費している。彼らは、海と川を有害物質で汚し、温室効果ガスを大気に充満させた。森林が消滅し、砂漠が拡大し、おびただしい生物種が絶滅寸前にある。この責を途上国に押しつけることはできない。ほんの昨日まで植民地であり、今日なお不公正な世界経済秩序によって搾取され、飢餓に苦しんでいるからだ。少数の国が贅沢と浪費を抑えさえすれば、地球上の多くの人間が貧困と飢餓から逃れられるのだ。」

以来、地球サミットは南北問題解消の議論が中心になり、配分ルールの議論はなかなか先に進まない。

持続主義は、現在世代と将来世代の間の不公平を問題視する。ポーランドで開催されたCOP24でのグレタ・トゥーンベリさんの「私たちは大人たちの裏切りに気づき始めている」という言葉が象徴的だ。人権（投票権）を持っているのは現在世代の成人だけだ。発言の機会のない将来世代の権利も担保すべきという訴えだ。現在世代だけの欲望と論理で地球の将来を決めてよいのかが問われているのだ。

自然の富の分配に関しては、効率性重視、公平性重視、持続性重視の三種類の考え方があり、これら三種類の意見の調整が課題である。だが、効率主義、公平主義が現在の不条理解消を課題とするのに対して、持続主義の主張には地球生態系の将来予測が必要となるため、合意形成はなかなか困難である。地球生態系は原因と結果の因果関係を説明しにくいシステムなのだ。このようなシステムを「複雑適応系」と呼ぶことがある。

生態系は複雑適応系

複雑系科学は、コンピュータシミュレーションを利用してネットワークの挙動を研究する、発展途上の研究分野だ。複雑系科学の研究はシステム理論、ゲーム理論、ネットワーク理論、AIなど多岐にわたるが、ここで参考にするのが複雑適応系と呼ばれる小分野だ。

そして、研究対象が複雑適応系とみなせるかどうかは、次のような点をチェックすることで、ほぼ判断できる。

① 系は多くの要素で構成されている。
② 要素間に局所的な相互作用をもつネットワークが見られる。
③ 要素間の相互作用の多くは非線形（後述）である。
④ 系は自己組織化によって変化（進化）する。
⑤ 系には必然によって決まる部分と偶然によって決まる部分が混在する。
⑥ 結果として、要素の一部やネットワークの一部に生じた異変によって、系全体が大きく変わってしまうことがある。

自然生態系は複雑適応系に該当すると考えられる。その理由を見ていこう。

①は明らかだ。自然生態系は数多くの構成要素でできている。構成要素は、土壌、空気、水、鉱物、植物、動物、微生物などだが、その呼び方自体、多くの要素を要約したものである。

②も明らかだ。動物も植物も微生物も、物理化学的環境や他の生物との相互作用がなければ生存できない。食う・食われる関係、寄生・宿主関係、温度反応などの局所的な関係の複合だ。しかも、その関係は複雑に絡み合っている。生態系とは局所的相互作用のネットワークのことだと言っても過言ではないだろう。

③も合格。二つの変数を一次関数で表せないことを非線形と呼ぶが、生物現象の多くは非線形であ

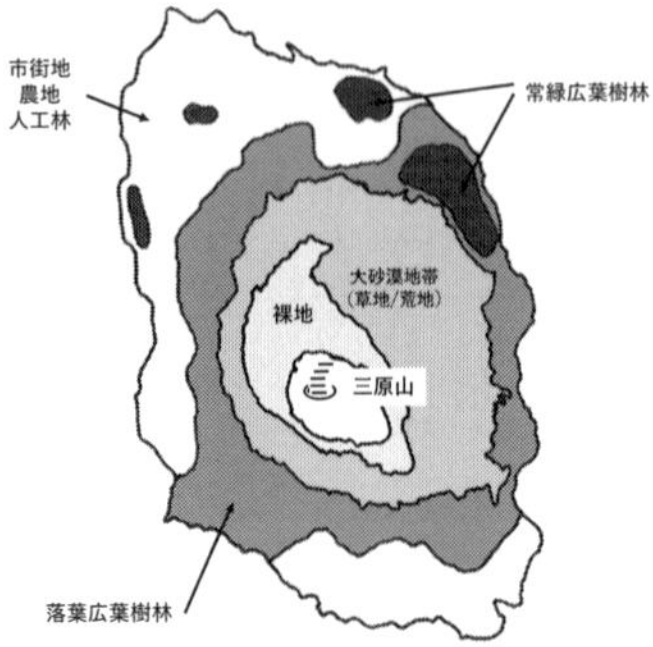

図1●伊豆大島。伊豆大島は火山島だが、熔岩の噴出時期によって植生が異なるため、生態遷移の様子がわかる。三原山周辺は1986年の熔岩地層で熔岩だらけの裸地、いわゆる大砂漠地帯は1950年と1778年の溶岩地層にあたり、ススキ荒原からヤシャブシなどの低木林に移行する。ミズキやオオシマザクラなどを含む落葉広葉樹林は648年の溶岩地層に広がり、わずかに残った1000年以上前の地層にツバキなどの常緑広葉樹林が見られる。

る。ネズミの個体数がネズミ算式に増えると、これだけでも非線形。ネズミが増えるとそれを追いかけるようにネコが増え、ネズミの増殖を抑えるような捕食作用があると、さらに複雑な非線形関係が生まれる。ひとことで言うと、生態系は非線形の相互作用だらけというイメージである。

④の自己組織化とは、構成要素間の相互作用によって自発的に特定の秩序構造を形成する現象のことである。生態系には遷移という現象が見られる。たとえば、伊豆大島における生態遷移では、火山噴火の溶岩によって裸地となった地面にまずススキなどの草が入り、次に灌木《かんぼく》が、やがて照葉樹林が発達してくるという変化がある（図1）。裸地から森林への変化だけでなく、池も草地も海も、あらゆ

る生態系は自己組織化する系だと言えるだろう。

ただし、物理的環境が同じでも全く同じ極相へ向かうわけではない。わずかな面積の森林破壊であれば、ほぼ同じ種の生物が周りから補給されるので、似たような森林が復活するかもしれない。しかし、大面積の森林が消え、重要な種が絶滅したりすると、全く異なる生態系になってしまう可能性がある。遠くの生態系から、たとえば鳥によって運ばれてきた種子を出発点に、別のタイプの森林が出現するかもしれないのだ。⑤の必然的に決まる部分と偶然に左右される部分があるとはそういう意味である。

⑥は複雑適応系に該当する条件というよりは、複雑適応系の変動の特徴と言うべきかもしれない。一部の構成要素が失われる、あるいは相互作用が変化したために、系全体の様相が変わってしまった例はたくさん知られている。

一つの劇的な例として、カリフォルニア沿岸のラッコを取り上げてみよう。ラッコは合衆国の西海岸に生息し、訪れる旅行者に人気である。一九世紀までは、甲殻類などの高級食材を食べるラッコは漁師には嫌われる存在で、毛皮を求める猟師に捕獲され続け、かつての生息域からほとんど消えてしまった。ところが、西海岸の環境に予想外のことが起きたのだ。ラッコがいなくなると、それまで豊かな漁場だった沿岸からジャイアントケルプ（巨大昆布）の森が消えてしまったのだ。結果、ケルプの森に依存していた魚類も消えてしまい、漁業は壊滅的な打撃を受けることになってしまった。その後、海獣保護政策によってラッコは復活をとげ、今ではカリフォルニア州、オレゴン州、ワシントン州でかなりの個体数が見られるようになってきた。ラッコの復活によって、沿岸の生態系は劇的な変化を見せている。ラッコは貝や甲殻類を盛んに食べるが、特にウニが好物で大量に捕食する。そのため、ラッコが復活したところではウニがほとんどいなくなった。ウニのいない沿岸では、コンブが長さ十数メートルにも育つことがわかったのだ。ジャイアントケルプの森が広がると海岸は波の衝撃から守られ、そこでは魚群への栄養補給が増大し、稚魚の保護にも役に立っている。漁師にとって好ましい生態系は、ジャイアントケルプの森であり、ラッコはその守り人だったのである。

貝や甲殻類を盛んに食べるので漁師から嫌われていたラッコは、20世紀初めごろ大量に捕獲され、絶滅寸前になった。ところが、ジャイアントケルプが消滅するという予想外の事態がおきた。ジャイアントケルプが繁茂していたのはラッコがウニの増殖を抑えていたからだった。

予測が難しいキーストン種

特定の種が生態系を維持するのに重要な役割を果たすことは、ワシントン大学のロバート・ペインによる岩礁帯ヒトデの研究から知られるようになった。ヒトデを岩礁から取り除く実験をしたところ、ムール貝の仲間のイガイだけが勢力を伸ばし、岩場から他の生き物が消えてしまったというものだ。

このように生物群集に決定的な影響を与える生物のことを「キーストン種」というが、通常は、ヒトデやラッコの例ほど因果関係は単純でない。一般的には、複数の種がキーストン的な役割を担っていることが多い。その場合、生態系の秩序を維持するために彼らが担っている役割は、ある程度、代替可能になっている。

ヒトデやラッコは食物連鎖の最上位にあるので、こうした捕食者がキーストン種として目立ちやすいが、それだけとは限らない。光合成を介して生態系のエネルギー流を支配する植物がキーストン種かもしれないし、窒素固定によって窒素循環を支配する微生物かもしれない。

要するに、何がキーストン種なのかは、失ってみないとわからないのが実情なのだが、生態系の秩序が維持されるためには、様々な生物がそれぞれの働きを発揮できる（他の要素に依存しながら生活が成り立つ）ような、機能の多様性があればよいとは言えそうだ。

エーリック夫妻のリベット説

生態系内での生物の機能には冗長性（同じような機能を持つ生物が複数種存在すること）があり、ある程度代わりがきくので、すべての種が必須というわけではない。ただし、いくつかの機能のために最小限の種の組み合わせがあれば事は済むという意味でもない。著名な環境保護推進者であるエーリック夫妻が提唱している「リベット説」はわかりやすいたとえ話だ。

「生態系はよくできた飛行機のように、ある程度の酷使に耐えて機能できるように冗長な補助システムを備えている。そのため、飛行機は一ダースのリベットが失われても別状ないかもしれないし、生態系は一ダースの種が失われてもその機能にたいした変化は起きないかもしれない。しかし、一三個目のリベットが補助翼から落ちると墜落の危険がでてくる。一三番目の種が失われると、生態系の重大な変化に繋がりうるのだ。」

階層思考からネットワーク思考へ

我々人間は、いつからかヒトと自然の関係を階層的に考える習慣を定着させてきた。「自然は人間のために存在する。自然の資源は無尽蔵かつ永久不滅であり、開発してもしばらく放置すれば元に戻る」というわけだ。人間が農耕を始めてから一万年以上になる。長い間、自然からの収奪の影響はそれほどでもなかったので、「開発の努力量に比例して富が得られる」と直線的に考えたのは仕方がないかもしれない。

しかし、今や我々は、自然には限界があることを知った。いや、すでに限界以上の自然の富を収奪しているかもしれない。そのような世界で生き残るには、物理的環境と生物的環境が織りなす複雑適応系として地球を理解する必要があるのだ。こんなたとえがわかりやすいかもしれない。子供の生活は親に依存しているが、スネをかじり過ぎると家庭が破綻する。会社は経営者と労働者の相互依存で成り立っているが、経営者が搾取し過ぎると、会社は早晩つぶれる。町と田舎の関係も、先進国と途上国の関係も搾取と紙一重の相互依存関係にある。また、異なる局所スケールの家庭、会社、町、国の間もネットワークでつながっている。異なるスケールの要素間の相互依存関係を含めて、全体を把握することが必要だ。

とはいえ、人間の活動によって、地球がどう変化していくのかを予測することはきわめて難しい。しかし、「局所生態系から得られる様々な自然の富を維持し続ける」という課題であれば、なんとかなるかもしれない。我々に必要なのは、開発の限界がどこにあるのかを知ることだ。安全の幅をとった注意深い経済活動であれば、局所生態系はあまり変化せずにすむだろう。そのためには、まず局所生態系のネットワークを理解することだ。

第2章 ゆれ動く恒常性

四〇億年前、地球上に生命が誕生して以来、生物は物理学的な大事件（地殻変動や隕石衝突）と生物学的な大事件（光合成の開始や多細胞生物の出現など）によって、種の大絶滅と大増殖を繰り返してきた。しかし、いっぽうでは、ある種の恒常性も見せている。つまり、変化の時期と安定の時期が繰り返されてきたのだ。このような歴史は地層を年代ごとにならべることで、各年代に含まれる鉱物や生物化石の変化から読み取ることができる。それを整理するために考えられたのが古生代、中生代、新生代などの地質時代である。古生代はさらにカンブリア紀、オルドビス紀、シルル紀、デボン紀、石炭紀、ペルム紀に細分化され、中生代は三畳紀、ジュラ紀、白亜紀に、新生代は暁新世、始新世など七つの時代に区分される。一つの地質時代のなかは比較的安定した時代であり、境界の時期に大事件が起きて生物が入れ替わったことを表現している。

現代は新生代の最後にあたる完新世と呼ばれている時代である。その前の更新世で繰り返されてきた氷期が終わり（一万二〇〇〇年前）、人間が農業を開始した時期から現在までの時代にあたる。さらに科学者たちは近年、完新世に続く「人新世」という新しい地質時代を使うようになりつつある。人間の影響が地球の隅々にまで及んだ現在、自然世界は消滅してしまったからだ。この点については最後の第19章で議論することにしよう。

生命誕生のころ、太陽の明るさは現在の六〇％程度だった。それが地質時代を通して、増減を繰り返しながら徐々に明るくなっている。したがって、地球は次第に熱くなってきたはずである。しかし、太陽の変化にもかかわらず、その間の地表温度はほぼ一定（生命が存続できる範囲）に保たれてきた。なんらかの制御メカニズムがあるに違いない。しかし、何者かが前もって地球の気候はこうすると、目標値を決めたわけではない。全くの自己組織化によって、気候が安定しているのだ。

地質時代の入れ替わりについては、その原因をめぐる議論が延々と戦わされている。これまで地球規模で五回の大絶滅が起きたが、そのうち四回は寒冷化が原因だったとする意見が多い。そして、寒冷化の原因は、巨大な火山活動や隕石《いんせき》衝突が粉塵《ふんじん》をまきあげて長期にわたって陽光が遮られたためだと説明されている。

我々は、直線的な思考に慣れているので、専門家たちが原因を一つに絞ってしまうと安心する傾向があるようだ。たしかに、変化の説明としては単一要因で済ませても問題はないかもしれない。いっぽう、地球の恒常性については、一つの原因で説明しようとするのは無理がある。地球環境の安定性が自然発生的に生まれる場合、物理学的なプロセスだけでは説明できないことは明らかだ。なぜなら、地球は暑くなる一方だというのが、物理学の答えだからだ。地球という複雑な系の安定性を理解するには、物理的プロセスと生物的プロセスとの相互作用によって説明する必要がある。この発想から生まれたのが、ガイア理論である。

ガイア理論

ガイア理論は、地質学者ジェームズ・ラブロックによって提唱され、後に細胞共生説や五界説で知られる生物学者のリン・マーギュリスとの共同で、さらに展開された。ガイアとは、生物が生息する陸域と水域（あわせて生物圏）と大気圏を含む地球表面の薄い層のことである（高さ四〇〇キロメートルの大気圏も直径一万二〇〇〇キロメートルの地球に比べれば饅頭《まんじゅう》の薄皮程度だ）。この仮説は、ガイアの持つ様々な性質の安定性のメカニズムを生物圏と大気圏のネットワークがもたらすサイバネティクス（自然発生的に生まれる調節システム）によって説明しようとするものである。残念なことに、純粋に科学的な問題として取り組んできた二人の研究者の意思に反し、ガイア仮説はある種の新興宗教のように見られてしまった時期があった。「母なる地球は一つの生命体であり、人類と地球とは存続への利害が一致している」という言い方のために誤解されてしまったのである。地球が生命体だなどというのは、科学者が基準にしている生命の定義と相容れなかったからだ。現在では、核心の「生物圏と大気圏のサイバネティクス」の部分は多くの科学者に支持されている。

地球が恒常性を維持するメカニズムを、ガイア理論では、生物系が周囲の物理環境に働き掛け、両者が長い時間を経て共進化し、複雑で自律した系を形成するに至ったためだと考える。このことをわかりやすく説明するのが、ラブロックが共同研究者のアンドリュー・ワトソンと一緒に開発したデイジーワールドと呼ばれるシミュレーションモデルだ。

デイジーワールド

ある場所に、暗色と明色の二種類のデイジーが生育しているとしよう。デイジーが生存できるのは現在の光量の六〇％から一四〇％の範囲だと考える。先に述べたように、この地域にふりそそぐ太陽輻射《ふくしゃ》は長い時間をかけて変化してきた。

暗色デイジーは太陽光をよく吸収して周囲の気温を上げることができるので、暗い環境でよく繁殖

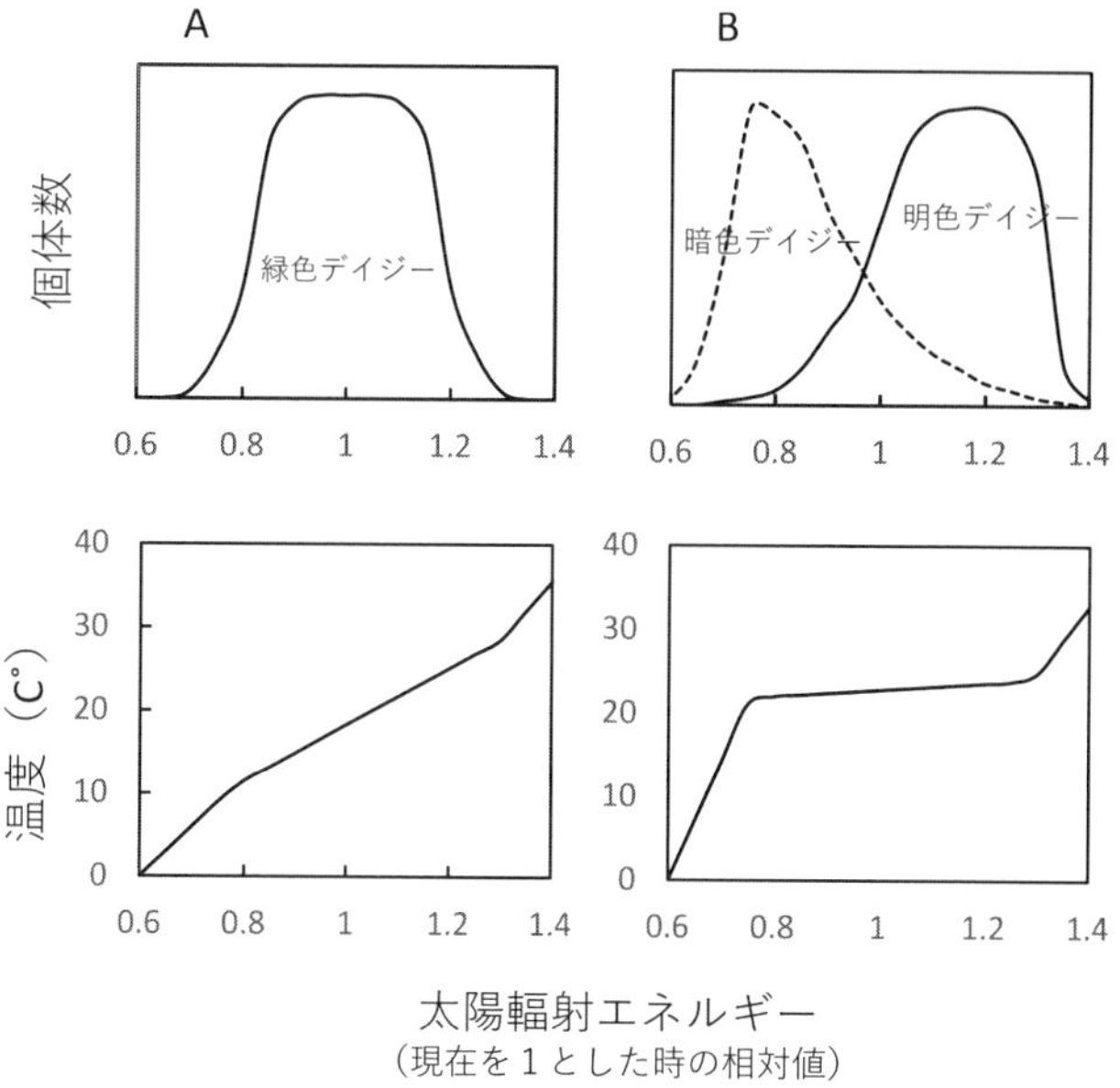

図２●デイジーワールドの進化。A は緑の葉のデージーが分布していた時代。B は進化が起き、うす緑の明色デイジーと濃緑の暗色デージーに種分化した状態。上の図はデイジーの個体数（単位は任意）、下の図は地球の表面温度。A ではデイジーは太陽輻射の狭い範囲内で繁殖し温度調節は限定的だが、B では暗色デージーと明色デージーの競争で棲み分けが起きるため、太陽輻射の広い範囲での温度調節が実現する。

できる。いっぽう、明色デイジーは光を反射して周囲の気温を下げるので、明るい環境でよく繁殖できる。二種類のデイジーは競争関係にあるために、暗い環境では暗色が優勢となり、明るい環境では明色が優勢となる。そして、光環境の程度に応じて、暗色と明色の比率がフィードバックによって決まることになる。その結果、光環境によらず気温はほぼ一定になるのだ。太陽輻射と地表温度という物理環境と二種類のデイジーの相互作用が恒常性を生み出していることになる（図2）。重要なポイントは一種類のデイジーだけではフィードバックが働かないことだ。二種のデイジーが存在することで恒常性が生まれる。もちろん、デイジーの種類が増えるほど、その安定性は高まる。

このモデルに、競合関係にあるデイジーばかりではなく、それを食べるウサギ、さらにその捕食者のキツネという食物連鎖の系を加えることもできる。シミュレーション実験の結論は同じで、食物連鎖の影響のもとでも恒常性は維持される。

もちろんデイジーワールドは、単純化された仮想的な世界であり、具体的な世界を忠実に表現しているわけではない。しかし、この理論が伝えようとするところは、生物多様性が物理プロセスに作用することによって、外部環境の変動があっても、恒常性が説明できるという点だ。

このモデルでは、暗色デイジーと明色デイジーの相互作用が作り出す気温の問題に単純化されているが、たとえば、デイジーを嫌気性微生物と好気性微生物に置き換えることによって、大気の酸素分圧の恒常性を説明することができる。そのほか、海水の塩分濃度、気候制御、物質循環、水質制御などにも、デイジーワールド的な発想なしには説明できない恒常性である。

長期の恒常性を現実の世界で確かめることは、我々の短い寿命の中では難しいが、生物たちが自らの都合に合わせて自らの環境を変えていることだけは観測できる。そして、多くのフィールド研究者の努力によって、生物多様性が環境の弾力性に関わっていることがわかってきたのだ。

モジュール構造

生物間の結びつきが強固な場合、たとえば種内に見られる共同生活や、複数種が相利共生の関係にある場合、生態系の構成要素は小さな地域に集まってくる傾向がある。このような生物の連合体をモジュールと呼ぶことがある。

モジュールとは、システムを構成する要素のことである。広い意味で部品と呼んでもよいが、部品を集めて一定の機能を持たせたものをモジュールと考えると理解しやすい。たとえば、自転車の車輪はタイヤ、ホイール、スポークなどでできているが、まとめて車輪と呼ぶほうが簡単だ。このとき車輪は一つのモジュールである。サドルやライトもいくつかの部品でできているモジュールだ。自転車はいくつかのモジュールの組み合わせでできていると考えることができる。そして、モジュールのデザインの変異とその組み合わせによって多様な自転車ができあがる。当然、モジュール間には結びつきがあるがその強さは様々で、車輪とライトは結びつきが強く、ライトとサドルはほとんど独立という具合だ。不具合が生じた場合や、特定の機能を改善したければ、モジュールを交換すればよい。その自転車は、モジュール交換前と全く同じ性能ではないかもしれないが。

生態系においては、デザイナーが設計する自転車とは異なり、自然発生的にモジュール構造がつくられる。そして、多様な生物が依存する共生関係や競争関係、食う食われる関係など、構成要素間に働くフィードバックのプロセスによって、生物は変化する環境に適応し続けることができる。そして、それが生態系内の不均一性を促進するとともに、ある程度の復元性を与えるのだ。このような生態系のモジュール構造から、我々はどのような示唆を得ることができるだろうか。

復元性の限界

何十億年もの時をかけて、生物は多様に進化し、生物どうしの関係も複雑化した。そして、環境撹《かく》乱《らん》に対してある程度の復元性を示す生態系が誕生した。その中から人類が生まれたのだ。生態系の恒常性は、その構成要素である生物が進化した結果実現した性質であって、決して生態系そのものが進化したためではない。そのため、生態系の恒常性は確実なものではなく、常に崩壊の危険性をはらんでいる。このような生態系の性質を理解すると、チェーンソーを持って森林を切り払い、農地に変えようとする行為が恒常性にとって致命的であることに気づく。明色デイジーを消滅させて、暗色デイジーだけの世界にしようとするようなものだ。そうなればデイジーワールドそのものが過熱によって消滅しかねない。現実の世界では、単一作物が広がった農地の脆弱性、疫病のパンデミック、都会のヒートアイランド現象、植生を失った土地の砂漠化現象などが地球の恒常性の動揺を象徴している。

ローカルとグローバル

我々は、自分自身の利益を第一に行動する傾向がある。近所を掃除するよりも、自分の家の敷地をきれいにすることを心がける。国全体よりも近所の環境を保全したいと考える。地球全体の環境よりも自国の環境に気を配るだろう。同様に、一〇年後や一〇〇年後の世界の未来は、我々の現在の行動様式にほとんど影響を与えない。遠い場所の出来事や遠い未来の出来事にはあまり関心がないのだ。

この論法に従えば、近隣の住民が団結してショッピングモールやゴミ処理場の建設など、身近な住環境の悪化に対して敏感になるのは当然と言える。しかし、環境保護運動は開発地域が局所的で問題が地域的に限定されている場合には成功したとしても、問題がより広範囲で大規模になるにつれて、なかなかうまくいかなくなる。全体の問題に団結して対処する動機はうすれ、傍観への誘惑が強くなるからだ。

環境保全への示唆

ここまでの議論から、環境管理のための、いろいろな視点が考えられるが、ここでは次の三点を挙げておきたい。

(1) 多様性の維持

外部からの撹乱によって生態系は動揺するが、ある程度の撹乱であれば、復元可能である。生態系が新たな環境に適応できるかどうかは、構成要素の多様性と適応能力にかかっている。農業では、害虫による作物の全滅や作物病の蔓延を防ぐ方法として、複数種の作物を栽培することがある。内部が均一だと、これらの被害が甚大になる可能性が高まるのだ。熱帯雨林を切り払って、ゴム林や油ヤシ林、牧草地などの大規模な単一作物の農地に変更することは、外部からの大きな撹乱に対する復元性を削ぐことになるのだ。

(2) モジュール構造の保持

進化を通じて自然発生的に形成されたモジュールは、それぞれがある程度の独立性を持っていて、外部からの撹乱を受けにくい構造になっている。しかし、人間の世界的な移動交流が進むに従って、独立性がどんどん弱くなっている。感染症のパンデミックは、モジュール構造の変容と関係している。

たとえば、エイズは数十年前までは孤立した小さな集団内に限定された病気だった。しかし、今日では他から孤立した集団はほとんどなくなった。人間の移動がエイズの急激な拡大をもたらしたのだ。

(3) 南北間・世代間の信頼

どんな生物でも自分の利益を最大化しようと動くのだが、個体が隣の個体と相互作用する時には、互いの利益を調整するような進化が起きる。周囲の個体と何度もやり取りを繰り返すと、互いの信頼関係が形成され、助け合いの行動すら進化するのだ。これはヒトの社会でも同様である。

たとえば、ある漁師が漁場で過剰な漁獲を行うのは、その漁師自身にとっても他の漁師にとっても良くないことは理解できる。しかし、ライバルたちが過剰漁獲を続ける限りは、自分だけが自制しても意味がない。他の漁師たちが割り当て量をしっかり守りさえすれば、自分も喜んでそうするという約束ならば、みな合意できる。けれども、これだけではこの資源保護システムは働かない。自分だけが置き去りにされる不安がいつもあって、結果的に皆が過剰な漁獲を続けてしまうのである。

共同体の中での合意が成立しやすい文化的背景があるとか、部外者の排除が可能な場合は、自然発生的に法律や協定が生まれることが多い。モジュール構造が生まれるメカニズムと同じだ。しかし、文化的に異なる集団間には、資源をめぐっての争いが絶えない。とくに国家レベルでは合意がつくりにくいし、条約を結んでも拘束力が弱いために約束は守られないことが多い。結果、熱帯雨林は今も縮小を続けている。

途上国から見た熱帯雨林の価値は、増大する人口と生活を支える資源という面が大きい。森林を切り払って材木を売り、跡地に油ヤシのプランテーションを作る企業の下で働いて、収入を得るのが差し迫った要求だ。先進国から見た熱帯雨林の価値はこれとは異なり、地球温暖化という将来起こりうる地球規模の環境変化に備えるための、一種の保険である。

この矛盾を解消する鍵は、地域間の不公平と世代間の不公平を調和させることにある。持続可能な未来のためには、先進諸国が信頼を得て、途上国が自発的に環境保全に取り組めるように働きかけるしかない。

第3章……「持続可能な開発」論の危うさ

生物が生存する必須条件の一つは、個体維持と成長のために食物（植物や菌類では無機物）を取り込んで同化し、不要物を排泄《はいせつ》することにある。生物はこれだけでも、周りの環境をある程度、変化させる。そんなことは誰でも知っているし、生物学にとっても古くからの常識なので、何をいまさらと思うかもしれない。しかし、ここで注目したいのは、変化させた環境が、張本人の生物や、同じ環境に暮らす他の生物にどのような影響をもたらすかだ。この点については、比較的最近まであまり検討されてこなかった。もし、環境を変化させた張本人の生物の生存にプラスになるような変化であれば、それは、自分に都合の良い環境を構築したことになる。さらに、他の生物に影響を与えるのであれば、生態系ネットワークに思いもよらない変化をもたらすかもしれない。個々の生物の働きはわずかかもしれないが、多数が集まれば、地球に大きな変化をもたらしうるのだ。

ビーバーのダム建設

生物の活動は自分の環境だけでなく、他の生物の環境も変える。よく知られている例が、ビーバーのダム建設だろう。ビーバーは北米の河川や湖・池・沼などを含む湿原に生息し、両親と子供からなる家族で生活する。水辺の木をかじって倒し、泥や落枝などを使って、川を横断する形にダムを組み上げる。ダムの上流部には「ダム湖」ができ、その中心部に木を組んでドーム状の巣をつくり、その内部に小部屋を設える。部屋の出入り口として水面下に通路をつくり、天敵の侵入を防いでいる。

長い年月の間にはいくつもの「ダム湖」がつくられ、広い範囲で川の環境が変わることになる。ビーバーが環境を大きく変えることで、多くの生物が生活できるようになる。森に川が流れていたところに湖が誕生すると、森の小鳥たちだけでなく水鳥たちが来るようになる。川とは異なる湖の水環境では水草が繁茂し、イワナ類などの渓流魚だけだったところに、ワカサギのような静水を好む魚が参加する。また、巣の中にはビーバーに特化したダニが発生するが、それを食べる甲虫がビーバーの体毛の中に住んでいる。

環境を変えるだけではない。ビーバー自身もダム湖での生活に適応した形質を進化させてきた。ビロード状の茶色の毛は水をはじき、その下に密に生えた白い毛が、皮膚に水が染みるのを防いでいる。

平たく大きな尾はオールのような形をしていて、推進力を得るのに役立っている。

「ビーバーは自分の生活のために環境を改変する、人間以外では唯一の生物」とも言われてきた。しかし、それは他の生物をよく知らないための誤解だ。環境改変の活動はあらゆる分類群に見られる。ここでは、普段はあまり注目を集めない微生物の活躍について代表的なものを紹介しよう。

ビーバーは北米の河川や湖・池・沼などを含む湿原に生息し、両親と子供からなる家族で生活する。水辺の木をかじって倒し、泥や落枝などを使って、川を横断する形にダムを組み上げる。ビーバーは自分の生活のために環境を改変するが、その結果、鳥や魚など他の多くの生物の生活も変化する。

バクテリアの勢力争い

バクテリアは細菌とも呼ばれる。しかし、細菌という呼び方は全く別のグループの真菌と紛らわしいので、ここではバクテリアと呼ぶ。感染症を引き起こす種が含まれるため、「バイキン」として恐れられているが、病原体となるバクテリアはごく一部である。チーズ、納豆、ヨーグルト、味噌《みそ》など発酵食品に使われる種が多いこと、腸内バクテリア群は食物消化に欠かせないことがわかれば、すべてが病原体ではないと納得してもらえるだろう。

バクテリアは体が小さく、一個体あたりの能力が小さいので、環境を変えるなど及びもつかない気がするかもしれない。ところが、実際にはとてつもない力を発揮する。バクテリアは世代時間が非常に短く、好都合な環境では、きわめて急速に繁殖し、地球上のあらゆる環境に分布しているからである。

バクテリアの環境づくりをイメージするためには、餅などに発生するカビを連想してみるとよい。青カビ、赤カビ、白カビなど数種類のカビがあるが、入り混じって生えるのではなく、餅の上で陣地争いをしているのがわかる。これは、カビがバクテリオシンと呼ばれる特殊な毒素（抗生物質）を出して、他のバクテリアの成長を阻害しているのだ。バクテリアは自分が生産する抗生物質に対しては耐性遺伝子を持っているので、同じ遺伝子を持っているバクテリアだけが増殖してコロニーをつくることができるのだ。

米国アイオワ州立大学のライチらは、世界各地で測定された土壌呼吸量を集約して、全陸域の土壌呼吸量を八〇四億トンと推定した。土壌呼吸は微生物（大部分はバクテリア）によるものと植物根からのものに分けられ、米国航空宇宙局の炭素循環モデルによると微生物呼吸五七一億トン、植物根呼吸二三三億トンと推定されている。バクテリアは植物よりもはるかに多くの炭素を放出していることがわかる。また、この微生物呼吸量は人為起源の炭素放出量（年間六三億トン）の約九倍にあたるので、いかに地球生態系への影響力が大きいかがわかるだろう。

シアノバクテリアによる光合成

バクテリアによる壮大な環境構築として有名な例が、地球スケールで生じた大気組成の変化である。光合成を発明したシアノバクテリアが地球上に現れたのは三八億年前のことである。その後、シアノバクテリアは酸素という毒素を排泄しながら大増殖し、それまであらゆる場所にはびこっていた嫌気性バクテリアを酸素のない世界に追いやってしまった。そのうち、嫌気性バクテリアの中に、酸素呼吸する微生物と細胞内共生を始める種が現れた。それがミトコンドリアを持つ真核生物、つまり現在の動植物の祖先というわけだ。

シアノバクテリアが光合成を発明していなかったら、地球はどうなっていただろう。光合成がなければ、遊離酸素は存在しない。それでは動物も植物も出現しなかったはずなのだ。

酸素がなければオゾンもなく、オゾンがなければ宇宙からの紫外線はほとんど減らせない。紫外線は、水を酸素と水素に分解する。分解された酸素は陸上の岩石中の鉄と結合して、酸化鉄となり岩石を赤茶色に変える。相手の水素は最も軽いガスなので、重力から逃れて宇宙空間へ抜け出すはずだ。その結果、水が地球から消えてゆき、火星や金星と同じように海がなくなったかもしれない。しかし、酸素の豊富な現代の地球では、水素はすぐに大気中の酸素につかまり、水として海に帰ってくるので、地球の水がなくなることは当面（少なくとも一〇億年は）ないだろう。

ただし、シアノバクテリアが光合成を発明してから、すぐに酸素が現在の酸素分圧（二一％）になったわけではない。はじめ酸素は大気中にほとんどなかったはずで、光合成によって二酸化炭素と水から酸素がつくられたとしても、火山岩に含まれている鉄にすぐに捕まった（酸化した）と考えられる。そのため、一〇億年以上も、酸素分圧はほとんどゼロに近かったのだ。しかし陸地に降り注いだ雨の浸食作用によって海が富栄養化してくると、シアノバクテリアが大量に繁殖し（二〇〜二五億年前）、地球の全面に広がった。そして、六億年前に海に動物が現れ、ようやく五億年前になると、現代に近い酸素分圧になって動植物の地上進出を可能にしたのだ。

原生生物のネットワーク

原生生物も単細胞の微生物だが、バクテリアとの違いはサイズが格段に大きく、ミトコンドリアと真核を持っていることなどだ。シアノバクテリアに遅れること約一〇億年、藻類などの植物プランクトンも、大気中および海中の酸素分圧に影響を与え始めた。海洋の表層部では太陽光を散乱・吸収して水温を上げる。植物プランクトンとそれを食べる動物プランクトンは、酸素と二酸化炭素の交換に影響し、海洋と大気の両方で地球の炭素循環に大きく関与している。さらに、ウィルスもこのプロセスに関係している可能性がある。海水中には大量のプランクトンが存在する。そのプランクトンに感染するウィルスも大量に存在する。そして、感染して死んだプランクトンは海底に沈んでゆく。しかし、どの種のプランクトンがどのウィルスに感染するのかよくわからないため、海洋の炭素循環が受ける影響の予測は極めて困難になる。

また、プランクトンとウィルスの相互作用は雲の形成にも関係しているようだ。プランクトンが死滅する際に硫化ジメチル（DMS）という気体が大気に放出される。この気体は雲の凝集を促進させるので、雲の高さ、厚さ、広がりなどに影響し、それが太陽光の反射率を変えることで気候が調節されているらしい。

真菌類による分解作用

真菌類はバクテリアとは全く異なる多細胞の生物群である。キノコの仲間と言えば、だいたい見当がつくだろう。森林を形成するほぼすべての樹木は、菌類と共生関係にある。たとえば担子菌の一種であるマツタケはアカマツから養分をもらいながら、窒素やリンなどの栄養素をアカマツに供給している。我々が食べる部分は子実体と呼ばれる胞子を飛ばす器官で、植物の花のようなものである。マツタケの本体は菌糸体で地中や木の中に大量に存在する。また、アカマツの落葉や枯枝、枯死木は担子菌とは別グループの木材腐朽菌によって十数年にわたって分解され、腐植土になる。腐植土は土壌の構造や化学的性質を変化させ、それがその後の植物の成長や森林構造に影響を及ぼす。こうして、菌類と森林の関係が継続してゆくのだ。

生物たちが地球を変えてきた

バクテリアや原生生物、真菌類などの微生物は四〇億年の時間をかけて地球を酸素の豊富な「水の惑星」に変化させてきた。五億年前に、植物と動物がようやく海から陸に上がると、地球の物理的性質はさらに変化した。植物の根は岩石を割って破壊し、やがて岩石の侵食が進んで溝が形成されると、雨水が大河となって流れた。植物は光合成を通じて大気や海の物理的性質と循環システムを変え、地球全体の気候を一変させた。そんな植物を動物が食べて、地球の物理的性質はさらに変化した。微生物、植物、動物たちがつくり上げるネットワークはますます複雑なものになり、その結果として、地球は多様な生物を育む星となったのだ。

ホモ・サピエンスは何をしてきたのか

ホモ・サピエンスは、誕生以来、四〇万年の長きにわたって、繰り返す氷期に耐えて細々と生き残ってきた。しかし、約三万五〇〇〇年前から少しずつ人口が増え、世界各地への移動分散が始まった。

移住先で大型動物を絶滅に追いやるなどの問題は起こしたが、数が少なかったこともあり、地球環境への影響はほとんどなかった。ところが、一八世紀から一九世紀に起きた産業革命以来、地球の恒常性に狂いが出始めた。

北極の氷床から採集された空気の成分分析によると、メタンは一五〇%、亜酸化窒素は六三%、二酸化炭素は四三%増加している。いずれも温室効果ガスだ。国連の「気候変動に関する政府間パネル（IPCC）」によれば、気温上昇を抑えようという国際的な政治的意思が欠如している現状を考えたシナリオの場合、二一世紀末の時点で四℃から五℃上昇すると予想されている。これが現実となれば、何が起きるだろうか。

まず予測されるのは異常気象の発生である。異常気象が生じるメカニズムは極めて複雑で、地域ごとに起きる事象を予測することは困難だが、大局的に理解することはそれほど難しくない。地球の表面温度は赤道付近で高く両極で低い。赤道近くでは太陽が真上から照りつけ、極地方では斜めに当たるからだが、赤道から両極にかけての温度勾配は温室効果ガスの濃度によっても影響を受ける。温室効果ガスが少なくて大気の熱が宇宙に逃げやすいと、太陽輻射熱がまともに地表温に反映される。つまり、赤道から極地方への温度勾配は大きくなるのだ。反対に、温室効果ガスが多くなると、大気循環によって熱が地球全体に行き渡り、温度勾配は小さくなる。そのために温室効果ガスの濃度が変わると、気温だけでなく、地球を取り巻く大気の循環も変化することになる。これまでとは違う場所で台風が発生し、大規模化するのはその一例だ。また、雨の多かった地域はさらに雨量が増し、乾燥した地域ではさらに砂漠化が進む傾向が生まれる。

次に予測されるのは貧富の格差の拡大である。異常気象に限らず巨大地震や津波などの災害によって貧困が拡大する現象は、世界各地で報告されている。ここでは、アメリカ南部で生じたハリケーン・カトリーナ（二〇〇五年八月二三日〜三一日）による災害を見てみよう。特にルイジアナ州、ニューオーリンズは堤防決壊によって市街地の八割が水没し、その様子は大々的に報道された。カトリーナの影響前後でニューオーリンズの人口は四五万人から三七万人にまで落ち込んでいる。カトリーナの被害の特徴は、アフリカ系アメリカ人の貧困層の被害が深刻であったということだ。車を持たず、水のたまりやすい低地に住む黒人貧困層などの弱者が街に取り残されてしまった。国や州政府の対応はずさんで、用意された避難所では、水や食糧が不足し、不十分な衛生管理の市街地では感染症が発生している。元々厳しかった黒人労働環境はさらに悪化し、ハリケーンを機に貧富の差が見直されるどころか、更に広がる結果となった。これらはブッシュ政権が、国の重要な政府運営を民間企業に委託してしまったことに原因があるとされている。政府から災害復旧の大型契約をもぎ取った民間企業が行ったのは、請け負った仕事をこなすのではなく、選挙資金を政治家に提供することだった。悪評高い災害復旧企業との癒着を許したブッシュ政権は後に強く批判され、失墜を招くことになったが、大きくなった貧困問題は今も解消されていない。

また、農業や都市化によって生物多様性が崩壊している。さらに、温暖化による生息地の変容も生物多様性を脅かしているし、進行しつつある海水の酸性化（海水は二酸化炭素を吸収する）が海洋生物への脅威を大きくしている。現代は「六回目の大絶滅期」を迎えていると言われている。この原因は、約二五〇年前の産業革命に始まった人間の生態系破壊力の強大化にある。一万年以上続いた完新世の安定期はすでに終わったのだ。そこで、地質学、大気科学、気候学などの研究者たちは、新たな地質時代「人新世（アンスロポセン）」を認識しようと動き始めた（詳しくは第19章）。そして、地球温暖化や生物多様性だけでなく、陸水循環、窒素やリンの地球化学的循環、エネルギー消費、農地、牧場、都市の拡大、水害、運輸、通信、海外旅行など、多くのパラメータの変化と人間の経済活動との関係を明らかにしようとしている。

「持続可能な開発」論の危うさ

持続可能性に関する議論の始まりはローマクラブの「成長の限界」（一九七二年）で展開された「地球の限界内で可能な経済」提案だと思われる。地球に限界があることを認め、生物の活動などが生み出してくれる再生可能な資源に依存した社会システムを構築すべきだという提案だ。これが本来の意味での「持続可能な開発」だろう。一九九二年に気候変動枠組条約と生物多様性条約が締結されたあと、両条約の締約国会議（COP）が毎年開かれ、持続可能な開発の必要性が議論されたが、世界中で拡大しつつあった貧困問題の前に、後回しにされてきた感がある。

「持続可能な開発」が大きく注目されるようになったのは、SDGs（持続可能な開発目標）が、二〇一五年の国連サミットで採択され、日本のメディアが大々的なキャンペーンを開始してからだろう。表1にSDGsの一七のゴールとそれぞれに関連する価値感（第1章参照）を示している。表からすぐにわかるように、世界の貧困問題の解決、自然環境の維持をめざすことを含めて、人道的に素晴らしい目標ばかりだ。これらの目標が実現すれば、素晴らしい社会が実現しそうな気になる。だが、批判も大きい。たとえば、このブームはメディアが話題を集めるために急に言い出したからではないか、SDGsの目標は項目が多すぎて何を目指しているかわかりにくい、項目のあいだで矛盾する点が多い、企業がこのブームを利用しようとしている、EUがヨーロッパに有利なキャンペーンを扇動しているのではないか、などなど。一言にまとめてしまうと、罰則のないSDGs目標は隙だらけで、自分だけが得をしようとする裏切りやごまかしを許してしまうメカニズムに見えるということだろう。

実は二〇〇〇年の国連サミットで、SDGsの前身にあたるMDGs（ミレニアム開発目標）が採択されていて、世界の貧困問題解決として、主に先進国の政策決定者向けに支援の要請を行っている。ある程度の成果はあったが、充分に解決できなかった問題をSDGsが引き継いだかたちだ。いっぽ

表1● SDGs（持続可能な開発目標）の17のゴールとそれが重視している価値観

	アイコンの略称	SDGs 持続可能な開発目標	重視される価値観
1	貧困をなくそう	あらゆる場所で、あらゆる形態の貧困に終止符を打つ	公平
2	飢餓をゼロに	飢餓を終わらせ、食料安全保障及び栄養改善を実現し、持続可能な農業を促進する	公平
3	すべての人に健康と福祉を	あらゆる年齢のすべての人々の健康的な生活を確保し、福祉を推進する	公平
4	質の高い教育をみんなに	すべての人々に包摂的かつ公平で質の高い教育を提供し、生涯学習の機会を促進する	公平
5	ジェンダー平等を実現しよう	ジェンダーの平等を達成し、すべての女性と女児の能力強化を図る	公平
6	安全な水とトイレを世界中に	すべての人に水と衛生の利用可能性と持続可能な管理を確保する	公平
7	エネルギーをみんなにそしてクリーンに	すべての人々に手ごろで信頼でき、持続可能かつ近代的なエネルギーへのアクセスを確保する	公平／持続
8	働きがいも 経済成長も	包摂的かつ持続可能な経済成長、すべての人のための生産的な完全雇用および働きがいのある人間らしい雇用（ディーセント・ワーク）を推進する	公平／効率
9	産業と技術革新の基盤をつくろう	強靭（レジリエント）なインフラを整備し、包摂的で持続可能な産業化を推進するとともに、イノベーションの拡大を図る	効率
10	人や国の不平等をなくそう	国内および国家間の不平等を是正する	公平
11	住み続けられるまちづくりを	都市と人間の居住地を包摂的、安全、レジリエントかつ持続可能にする	持続
12	つくる責任 つかう責任	持続可能な消費と生産のパターンを確保する	持続／効率
13	気候変動に具体的な対策を	気候変動とその影響に立ち向かうため、緊急対策を取る	持続
14	海の豊かさを守ろう	海洋と海洋資源を持続可能な開発に向けて保全し、持続可能な形で利用する	持続
15	陸の豊かさも守ろう	陸上生態系の保護、回復および持続可能な利用の推進、森林の持続可能な管理、砂漠化への対処、土地劣化の阻止および逆転、ならびに生物多様性損失の阻止を図る	持続
16	平和と公正をすべての人に	持続可能な開発に向けて平和で包摂的な社会を推進し、すべての人に司法へのアクセスを提供するとともに、あらゆるレベルにおいて効果的で責任ある包摂的な制度を構築する	効率／公平／持続
17	パートナーシップで目標を達成しよう	持続可能な開発に向けて実施手段を強化し、グローバル・パートナーシップを活性化する	効率／公平／持続

う、ＳＤＧｓの特徴は先進国だけでなく、途上国を含めた全世界が取り組む課題として、各国の政策決定者だけでなく民間企業や市民にも呼びかけたものだ。ＳＤＧｓは民間企業だけの課題ではないが、ここでは民間企業がＳＤＧｓに関心を持つ理由と、なぜごまかしが起きやすいのかについて考えてみよう。

ＳＤＧｓに企業が取り組む目的は、企業が持続的に成長するためだ。人間が地球上で健康に生活し続けるために成長の限界を意識することよりも、限界を突破して成長し続けることを命題として活動してきたが、それだけでは社会から認められないことが明らかになってきた。消費者や投資家の意識の変化によって、環境への影響を無視した企業経営はもはや難しくなっている。企業のブランドイメージ（環境を意識しているか、倫理的に正しい活動をしているか）が消費者のモノやサービスの購入に影響し、投資家の評価に影響するからだ。多くの企業が消費者や投資家に目を配り、広告でＳＤＧｓへの貢献をうたい、事業報告書やホームページを使ってＳＤＧｓレポートを公開している。だが、企業が懸命にＳＤＧｓに取り組むのは、日本の大手マスコミやメディア企業のほとんどが「ＳＤＧメディア・コンパクト」に参加していることの影響が大きい。「ＳＤＧメディア・コンパクト」とは、国連が世界中の報道機関とエンターテインメント企業に対し、環境問題、人権問題などの現状や解決策を発信してＳＤＧｓ達成のために活用するように促すことを目的として設立したものだ。これが企業活動の監視メカニズムとして機能している。だが、メディアによる監視もうまく働くとは限らない。表面だけSDGsに貢献しているふりをして、ごまかそうとする誘惑が働くからだ。このような裏切り行為がSDGsウォッシュと呼ばれるものだ。

SDGsウォッシュとは「SDGs」と英語「whitewash（ごまかす、うわべを取り繕う）」を組み合わせた造語で、SDGsへの取り組みを行っているように見えて、その実態が伴っていない商業行為を揶揄する言葉だ。これまで問題になった例をいくつか挙げてみよう。

①アメリカのスポーツ用品メーカーのNIKE（ナイキ）は、東南アジアの工場で児童労働が発覚し、現地の下請け企業に責任を転嫁したが、不買運動へ発展。

②中国ウイグル自治区に工場をもつグローバル企業の多くはウイグル人を強制労働させている。ユニクロ（ファーストリテーリング）もこの問題で批判されている。ユニクロは公式サイトで人権・労働環境への配慮に言及しているのだが。

③日本の大手銀行はそれぞれグループ会社全体の二酸化炭素削減を宣言している。そのいっぽうで新規石炭火力発電所への出資・融資を行っていた。なかでも最大の投資をしていたみずほ銀行は二〇二〇年四月に石炭火力発電所向けの新規融資を停止し、SDGsの取り組みを強化すると発表した。

④大手旅行代理店のHISはエコツアーなどを推進し地球環境保全をうたっているが、ヤシ油を使うバイオマス発電事業を始めた。だが、熱帯林を伐採してアブラヤシのプランテーションを造成する

ために、安易なバイオマス発電によって森林破壊が進むと批判されている。

以上は氷山の一角だろう。ＳＤＧｓに貢献していると主張する企業の広告はいつも正直だとは限らないし、思い違いに気付けていない場合もありそうだ。ＳＤＧｓウォッシュの検出はメディアだけでは間に合わないし、メディアの勇み足の可能性もある。なにしろ真実と嘘の境目は微妙なのだ。紛らわしい広告に惑わされないように、消費者は賢くあるしかない。

第4章 互恵社会の光と陰

進化論は協調行動をどう捉えるか

ダーウィンの進化論は、案外単純な理屈でできている。彼は進化が起きるための条件は以下の四つだと考えた。

①生物は子を多めに産む。両親は最低二個体の子を繁殖できる年齢にまで育て上げないと種は存続できない。産んだ子の全部が無事に育つわけではないので、子孫の繁栄には当然の条件だ。

②個体の形質には変異がある。たとえば体サイズ、体色、運動能力、免疫力などの個体差のことだ。
③個体変異は親から子へと部分的に伝わる。「部分的」とは、変異は遺伝によるものかもしれないし、育った環境の影響もあるだろう、という意味だ。ただ、ダーウィンはメンデル遺伝学を知らなかったので、遺伝子の概念はなかった。
④子が繁殖可能齢になるまでの生存率や子孫を残す能力は、個体変異に依存する。自然淘汰のことだ。遺伝的に決まる割合が大きな変異であれば進化が起きやすいし、環境の割合が大きければ進化は起きにくい。

これらの四つの条件がそろえば、進化が起きることになる。体サイズに絞って考えてみよう。大きな子を産む親たちは、自分たちの子供は競争にも強いし、敵から逃げる能力にも長《た》けていると期待できる。結果、生き残った子供たちは多くの孫たちを残せるだろうから、大きな子を産むことは子孫繁栄につながるはずだ。この理屈を、もっと短い言葉で言い換えたのが「生存競争による適者生存」である。ダーウィンは『種の起源』（一八七二年）の中で、この理論が当てはまる例を数多く紹介したが、困った問題があることにも気がついていた。その一つが「利他行動」あるいは「互恵行動」の存在だ。ここでは、利他行動は自らの犠牲によって他を助けること、互恵行動は、互いに時間差をおいて助け合うことと考えよう。そして、両者をまとめて「協調行動」と呼ぶことにする。

「競争による適者生存」が進化の原則ならば、利他行動は自然淘汰によって排除されるはずだ。進化の結果、誰もそのような自己犠牲は払わないようになる、というのがダーウィン進化論の予測するところだ。ところが、利他行動は、同種の個体どうしにも、異種の間にも広く見られるのだ。

血縁者間に見られる利他行動

動物たちが示す利他行動のほとんどは、実は、親子の間に見られるものだ。親子間の利他行動を遺伝子の観点から考え直してみると、その謎が解ける。親は、いつかは死んでしまうが、遺伝子の複製は永遠に子孫に引き継がれる可能性が期待できる。親が自分を犠牲にしてでも、子に餌を与え、敵から守るように行動するのは理にかなっているのだ。親子でなくてもよい。たとえば、兄弟姉妹や、祖父母と孫など、二個体の間に血縁関係があれば、利他行動が生まれやすい。自分と共通の遺伝子をある程度は持っているからだ。この論法で、野生動物に見られる利他行動のほとんどは説明できるようだ。典型的な例が、ミツバチに見られるワーカーの存在だ。ワーカーたちは、自分の繁殖を犠牲にして、女王の産む妹たちを育てるし、巣の増築や掃除に励む。自分の命を張って、巣を狙う敵を攻撃することさえあるのだ。リチャード・ドーキンスは「生物とは遺伝子の乗り物にすぎず、遺伝子が自分の生き残りのために乗り物を操縦しているのだ」とまで言い切っている。一見、利他的に見える行動は、遺伝子レベルで考えると利己的と解釈できるのだ。

血縁によらない互恵行動

ところが、血縁関係がほとんどないと思われる個体間にも協調行動は確かに存在する。さすがに自分の命を犠牲にするような極端な利他行動は知られていないが、渡り鳥、ペンギン、コウモリなど、群れで生活する動物には協調行動と思える行動が見られる。たとえば、空気抵抗を小さくする隊列、餌が見つかる場所の情報共有、外敵に対する集団防衛などだ。

もっとわかりやすい例が種間の共生関係に見られる。菌類と藻類が共生している地衣類、アリとアリ植物の相互依存、チョウによる花粉媒介などの昆虫と植物の相互依存などなど。これらは、ある時間断面で見ると利他行動に見えるが、次の時間にはお返しがあるような互恵行動と言えるかもしれない。

協調関係の普遍的な存在はダーウィン進化論の例外なのだろうか。それとも、身勝手な個体どうしの関係からでも、自然発生的に協調行動が進化しうるのだろうか。もしかしたら、協調性は利己的な社会で生き残るための方策なのかもしれない。協調行動の進化について考えるために、どのような行動規範が生き残れるのか、どのような行動規範が繁栄するのかを比較して調べてみよう。このような問題を解くには、ゲーム理論が役に立つ。ここでは、その代表とも言える「囚人のジレンマ」ゲームを土台に考察をすすめたい。

囚人のジレンマ

囚人Aと囚人Bが住居侵入と殺人の共犯容疑で、それぞれ独房に入れられているとしよう。互いに連絡はできない。検察は証拠の大半は握っているが、二人の自白によって罪状を確認したい。両者とも自白しなければ、殺人罪での起訴ができず、住居侵入だけの罪について起訴することになる。その場合それぞれ一年の懲役刑を受ける。しかし、Aが殺人についてBに責任を押し付ける形で自白し、Bが黙秘を続ければ、Aは三か月に減刑され、Bは一〇年の刑を受ける。また、両者が自白すれば、どちらも八年の刑を受けることになる。これがジレンマゲームの枠組みだ。

注目して欲しいのは、Bが自白しようとしまいと、Aは自白したほうが得になる点だ。同様に、Bにとっても自白したほうが得である。両者が自白してしまうと、両者とも八年の刑を受けることになる。どちらも自白しないという協調行動は、利己的な誘惑に負ける結果、成り立たないことを意味している。このような利己的な行動が生まれやすい集団の中から協調的な行動が発生するには、どんな条件が必要なのだろうか。

戦術の損得を評価する

今度は、庭に餌台を置いて、小鳥たちを呼び寄せる場面を考える。私が毎朝餌台にひまわりの種を置いてやると、シジュウカラがやってくる。そして、シジュウカラAとBの間に、餌をめぐる駆け引きが始まる。可能な戦術は、餌台を共有する「協調」と、餌台を独り占めする「排他」である。両者が対戦したときに獲得できる点数で二つの戦術を評価してみよう。

Aの成績はBがとる戦術次第である。Aが「排他」を採用した場合、Bも同じ戦術なら、餌場で喧《けん》嘩《か》が起きてひまわりの種は餌台から飛び散ってしまう。この場合、両者ともマイナス一点になる。しかし、Bが「協調」ならば、AはBを追い払って餌を総取りできるので五点を獲得し、Bはマイナス一点となる。

Aが「協調」を採用する場合はどうなるだろう。Bも「協調」であれば、両者とも三点。Bが「排他」だと、Bの総取り五点で、Aはマイナス一点だ。

結論は明らかで、囚人AとBで見たときと同じように、餌台を独占してしまう行動が有利になる。しかし、何度も出会いが続くとなると、結論が変わる可能性が出てくる。

シジュウカラ。庭に餌台を作ると、シジュウカラ、コガラ、メジロ、ヒヨドリなどが集まってくる。シジュウカラは相手が乱暴者か、紳士的かを個体識別しながら対応していると思われ、相手次第で攻撃的になるようだ。

繰り返されるつきあい

わかりやすくするために、次のように状況を単純化しよう。シジュウカラには戦術（協調か排他か）を日々変えられる個体も存在すると考える。ただし、いったん餌台に来たらもう戦術は変えられない。シジュウカラは群れで生活しているが、餌台に来るのはその中の二個体だけとする。シジュウカラの群れにいろいろな性格の個体がいて、餌台に二匹の代表が現れるという感じだ。同じシジュウカラに出会ったとき、相手が前回どんな戦術をとったかはしっかり覚えているとする。

そして、日々の戦術のセットを「主義」と呼ぶことにしよう。主義は生涯変わらない遺伝的な形質だとすると、次のような主義を想定することが可能である。

- 博愛主義：戦術を変えず、常に協調的に行動する
- 強欲主義：初回は排他的に行動し、餌台を独占しようとする。協調的だった相手には次回も排他的に行動するが、排他的だった相手には警戒し、次回は協調的に行動する。
- 互恵主義：初回は協調的に行動し、次回は協調的だった相手にだけ協調的に振る舞う。排他的だった相手には、次回は報復する。

ほかにも、たとえば「協調」と「排他」を交互に変える、あるいはランダムに変えるなど、いろい

ろな主義が考えられるが、シミュレーション実験の結果から、交互主義やランダム主義は生き残れないことがわかっている。その理由は、どちらも相手につけ込まれやすいことだが、ここでは深入りしない。どのような主義が生き残るかを理解するには、上記の三主義だけで十分だ。

まず「博愛」は「強欲」に対して圧倒的に弱いので、相手が「強欲」だけだとマイナス一点の毎日が続くことになる。ただし、「博愛」や「互恵」が相手だと三点を獲得できる。

「強欲」は「博愛」からは徹底的に搾取できるものの（五点）、同類の「強欲」に対してはそうはいかない。出会いのたびに協調（三点）と争い（マイナス一点）が繰り返されるのだ。「互恵」に対しては、相手が協調的なので初回は五点とれるが、次回から相手が報復するため、その後は協調と争いが繰り返されることになる。

「互恵」は「博愛」や他の「互恵」とはうまくやれる（ともに毎回三点）。「強欲」ともほぼ対等に戦える。最初だけは負けるが、その後は反撃するので、合計点数は僅かの差だ。

以上の計算によると、「強欲」の得点が一番高いことがわかる。「博愛」は搾取されすぎだし、「互恵」は「博愛」を搾取しないので点数が伸びず「強欲」に勝てないからだ。しかし、この三者の系に進化プロセスを導入すると、様子が変わる。

行動規範の進化

シジュウカラのモデルを長期の連続世代にわたって働かせるように拡張し、「博愛」、「強欲」、「互恵」の比率がどのように変化するのかを考えてみよう。初期条件として、三者の構成比率が同等であるところから始める。個体の一生の中でくりかえされる付き合いの数を二〇〇回とし、その間に得られた得点に依存して次世代の子を残せると考えよう。このプロセスを一単位として、一〇〇〇回くらい繰り返すと、三者の比率が別の平衡点に向かってしだいに移行する。結果だけを述べよう。

このシジュウカラの群れは、ほとんど「互恵」だけになる。三者が同数の場合、最も高い点数を獲得したのは「強欲」だったのに、なぜなのか。「強欲」の得点は「博愛」の個体数に依存しているからだ。「博愛」を搾取してゆくと、「博愛」の数がどんどん減少してゆく。このことが、自分の首を締めるのだ。弱いものが衰退するにつれて、自分の繁栄の足場がなくなり、かつて自分が搾取した相手の後を追って衰退する羽目に陥るのだ。ただし、シミュレーションには偶然の効果が含まれるため、純粋な「互恵」社会が必ず終着点になるとは限らない。「博愛」は「互恵」とは共存できるので、少数が生き残ることがあるのだ。すると、「博愛」を搾取する「強欲」にも存続のチャンスが生まれる。結果、多数の「互恵」、少数の「博愛」とさらに少数の「強欲」が長期間共存する場合が生じうる。

互恵主義のたくましさ

進化の結果、「互恵」は一番の繁栄を遂げることができた。そのたくましさの原因は、「互恵」に協調しないと、他の主義の得点が伸びないところだ。相手の協調が「互恵」に得点として跳ね返ってくるのだ。成功の秘訣《ひけつ》は、自分からは決して搾取しなかったこと、相手の搾取に対しては即座に報復したこと、相手が搾取を反省して協調したら、心の広さを示した（前回の行動だけを参考にし、しつこく報復しなかった）ことだった。「互恵」が示す協調は無用なトラブルを避けることができ、即座に報復することで相手が搾取しようとする誘惑を断ち切り、心の広さは協調を回復するのに有効だった。そのため、長い協調関係を保てたのだ。

しかし、「強欲」だけがはびこる社会はそれなりに安定している。「互恵」が一人だけで協調しようとしても、誰も協調を返してくれないから、互恵的にならないのだ。つまり、協調関係がスタートするには、少数でもよいから互恵主義を採用する個体が複数存在し、仲間同士が出会うチャンスが必要なのだ。仲間同士に互恵主義による協調行動が始まれば、やがて「互恵」は、他の主義に競り勝って繁栄するだろう。そして、互恵主義が大勢を占めると、「互恵」以外の主義はこの社会になかなか侵入できなくなるのだ。

これらの考察から、協調行動の進化には、自分を犠牲にするような利他性は必要ないことがわかる。長いつきあいを見通した損得勘定によって、協調行動は自己組織化し、社会の中に広がっていくのだ。

協調行動と社会の分断

仲間であることがわかる目印があれば、協調性はさらに急速に進化する可能性が高い。初めから付き合う相手を選べるからだ。考えてみれば、生物も、我々ヒトも、仲間とそれ以外を区別するいろいろなレッテルを貼る傾向がある。たとえば、体サイズ、体色、行動などだ。視覚的な目印でなくとも、領域性、評判、血縁、宗教なども関係していそうだ。

しかし仲間かそうでないかをレッテルで識別し、「仲間には協調、仲間でなければ排他」という主義をとってしまうと、集団間に分断が起きてしまう。集団それぞれが内部と外部を区別するレッテルを貼るからだ。これが、二つの不幸な結果をもたらす。一つは皆が必要以上に損をすることだ。分断がなければ、他集団とも協調できたはずだから。もう一つは、ちょっとした人数の違いが多数派と少数派の格差を拡大してしまうことだ。両派とも協調しないことで損をしているのだが、その被害は少数派のほうが甚大だからだ。そのため、少数派はますます閉じこもって、反対派との付き合いを避けるようになる。そして、多数派は協調しない少数派を非難し、弾圧が始まるかもしれない。

「協調」は内輪には聞こえのよい言葉で、「正義」の同義語であるかのように思われているのだが、一歩間違うと、外部への敵愾心《てきがいしん》を育ててしまう諸刃の剣でもあるのだ。

第Ⅱ部　オスとメスの共生

第5章 進化が生んだ「性」と「死」

近年の日本人の年齢別死亡率を調べると、幼児の時期に少し死亡率が高く、その後はしばらく低い期間が続く。七〇歳を越すと死亡率が高くなり、一二〇歳以上の寿命はきわめて稀《まれ》になる。このパターンから、日本人の平均寿命は約八〇歳と計算できる。

寿命は環境条件によっても変化する。明治初期の平均寿命は四三歳くらいだった。幼児期の死亡や結核による死亡が多かったためだが、一〇〇歳近くの長寿記録もあるので、最大寿命はそれほど変化していないと言える。平均寿命のほうは、近年の公衆衛生の向上と、結核などの感染症対策によって死亡が減り、次第に長くなったのだ。このような統計から、生物が死ぬ理由は二種類あることが推測できる。「事故死」と「自然死」だ。事故死とは火事や天災だけでなく捕食や感染症なども含め、自らの意図とは関係なく予定外の原因で死ぬことだ。いっぽう、自然死とは予定された生涯を終えることで、時には自殺や自己犠牲のニュアンスも含まれる。
自然死がほぼ決まった年齢で起きるのは、ヒトだけではない。一年生の草本は種子が発芽して花を咲かせ、次世代の種子をつくって死ぬ。約半年の寿命だ。イヌやネコはほぼ一五年の寿命。セミは約五年の幼虫期を地中ですごし、約一週間の成虫期の後に死んでしまう。

きわめて長い寿命を持つ個体がいるいっぽうで、平均寿命が短い生物もいる。このタイプの生物では、若齢期の死亡率が非常に高く、成長するにつれて次第に死亡率が低くなる。若齢期の死のほとんどは事故死だと考えられるが、免れた少数個体は長期間生き続けることができる。このような生物では、自然死が起きる年齢の推定は難しい。たとえば、数千万個の卵を産むマンボウの最大寿命が一〇〇年を越すことはわかっているが、それ以後は不明だ。卵はプランクトンとして漂ううちに他の動物にほとんど食べられてしまうため、平均寿命はきわめて短い。数千年も生き続けているヤクスギなども同様だ。種子から発芽した実生はほとんど死んでしまうが、ある程度大きくなった個体は大木に成長できる可能性が高くなる。

これとは別の意味で、自然死のない生物のグループがある。たとえば細胞分裂でふえる細菌類。細菌は一倍体生物で、DNAセットを一つだけ持っている。その仲間で最もよく研究されているのが大腸菌だ。大腸菌は分裂する前に、DNAセットをコピーしておき、分裂する時に二個体に一セットずつを分配する。分裂した個体が持っているDNAセットは、元の個体と同じだ。

大腸菌は温度条件がよくて栄養分が供給されるかぎり、無限に分裂してクローンを増やすことができる。つまり、事故死しない限り、不死の命を持っている。ただし、自然界ではファージ（細菌に感染するウィルス）の脅威にいつも晒《さら》されていて、遺伝的な多様性を持たないクローンは、いったん感染が起きると壊滅的に殺されてしまうのだ。

「事故死」を防ごうとする進化

生物は事故死を防ぐために様々な形態や行動、生理を進化させてきた。低温や高温に対する耐性もそうだが、捕食者への対策も重要だ。隠れる、逃げる、防御、反撃の四つがその基本だ。昆虫の擬態、ウサギの逃げ足、カメの甲羅、窮鼠《きゅうそ》猫を噛む、などの行動形質が連想できるだろう。これらは個体レベルでの防衛法だが、意外なやり方もある。それは捕食されるよりもはるかに早い速度で増えることだ。

被食者は捕食者よりも小さくて、子を産むまで時間が短いのが普通だ。そのため、繁殖速度は捕食者よりもずっと大きい。南極海のオキアミがヒゲクジラに大量に捕食されても絶滅しないのはそのためだ。食われるよりも早く増殖することは、種の生き残り戦略としてありうることなのだ。増殖の速い動物（農業害虫や魚類など）から遅い動物（大型哺乳類など）まで、いろいろな種がいるのは、繁殖速度と防衛のどちらに重点を置いて進化したかの違いによる。

いっぽう、感染症の原因となる寄生者に対する防衛は、かなり様相が異なる。感染症を引き起こすウィルスや細菌は宿主の細胞よりもずっと小さく、繁殖速度が桁違いに大きいからだ。見えない微小な天敵への対策として、個体間の距離を保つ、定期的に脱皮する、水浴や泥浴などの行動が見られる。動物たちはヒトよりもずっと昔から、感染症対策をやっているのだ。だが、どれもそれほど効果的な防御ではない。ウィルスや細菌に対しては、病原体に侵入されてしまった体内が最も重要な防衛ラインとなる。それを可能にしたのが「性」と「自然死」の同時進化だ。

細胞分裂で増えるゾウリムシにも性と寿命がある

我々は、いろいろな生物の生き様を眺めるときに、ついつい自分が属する種の延長線上で考えてしまう。性について考えるときも同じで、ヒトに近い脊椎動物、特に哺乳類を頭に浮かべる。そうすると、性とは精子をつくる個体（オス）と卵をつくる個体（メス）の違いだということになる。そして、性の目的は有性生殖によって子孫を増やすことだと考えたくなるのだ。

確かに、生物の性はある程度この見方で理解できる。脊椎動物だけでなく、多くの無脊椎動物や高等植物の性までもこの見方でほぼ整理できるだろう。ところが、オスとメスがはっきりしないのに性を持っている生物のグループがある。しかも、彼らには我々が考えるような自然死がないのだ。

繊毛虫類の多くは二倍体の単細胞生物だ。たとえばゾウリムシ。ふだんは分裂で増えるゾウリムシにもちゃんと二つの性がある。顕微鏡でゾウリムシを見ても性は区別できないし、卵や精子をつくるわけではないのでオスともメスとも呼べない。しかし、時々異なる型（プラスとマイナスと記号化される）の間で接合が起こり、新たなゾウリムシが誕生する。

実は、細胞分裂によって増殖するゾウリムシにはクローンとしての寿命がある。数百回も分裂を繰り返すと、しだいに老化して細胞分裂ができなくなるのだ。しかし、老化が始まる前に接合を行えば、死を免れ、若返って（というより新たな個体として生まれ変わり）細胞分裂を再開する。

卵と精子の受精で重要なのは、両方の半数体の核が合体して新しい遺伝子組成を持った子孫をつくることだ。これを「相同組換え」と言う（「遺伝子組換え」とも言うが、植物や動物に人為的に外からの遺伝子を導入する「遺伝子組換え操作」との混同を避けるために、ここではこの語を使う）。ゾウリムシの接合でも相同組換えが起きる。

ゾウリムシは小核と大核という二種類の核を持っている。接合すると小核が減数分裂を行って、精子や卵と同じように半数体の核になる。これが接合相手の小核と合体して新しい遺伝子組成の小核となる。そして、大核は消失する。新しい世代の細胞では、この新しい小核から改めて大核がつくられるので、新しい遺伝子組成の個体が誕生する。そして、細胞分裂によるクローン生産が再開される。

単細胞生物の繁殖の仕方を知ると、性は子孫の数が増えることとは関係ないことがわかる。その機能は他個体との遺伝子混合なのだ。このことは、ヒトを含め、卵や精子をつくる他の生物でも同じだ。

植物の性

挿し木や接ぎ木による植物栽培法を使えば、植物の組織を少しだけ切り取って育てると、ふたたび完全な個体ができあがる。つまり、葉由来でも茎由来の細胞でもよいので組織小片を育てれば、それが花にも実にも育つということだ。このような細胞の能力を「全能性」という。その能力を使って、多くの植物は無性的に繁殖する。

だが、多くの植物は無性的だけでなく有性的にも繁殖する。植物の一部には、イチョウやサンショウ、ホウレンソウなど、オス木（株）とメス木（株）に分かれている雌雄異株のものがある。こういう種はむしろ例外である。多くの種では雌雄同株で、個体のレベルでは性を区別できない。このような植物の性は花という器官のレベルで初めて区別が可能となる。

マツやスギ、スイカやキュウリの花は同じ木（株）に雄花《おばな》と雌花《めばな》がつき、雌花に実がなる。このような花のつき方を単性花という。だが、このような植物も少数派だ。我々が野原や花垣で見かける花の大部分は両性花（サクラ、イネ、ユリなど）で、一つの花にオシベとメシベがある。両性花と単性花の両方をつけるツユクサやダリアなどの種もあって、なかなかにぎやかだ。

動物の性

残念ながら、動物に全能性があるのは「受精卵」だけだ。動物の組織は受精卵から多能性細胞（全能ではないので多能性と呼ばれる）を経て、筋肉細胞、肝細胞、神経細胞、血液細胞などへと専門化していく。専門化した細胞は「多能性」も失う。なお、iPS細胞は分化した体細胞を多能性細胞に初期化した細胞のことだ。

全能性細胞を持たない動物の性が植物とかなり異なっているのは当然かもしれないが、哺乳類の我々にとっても異様に思える性がある。無性生殖と有性生殖を使い分けて雌雄をコントロールする種（例：ミツバチ、アリ）、環境温度によって性が決まる種（は虫類の一部）、一生の前半はオスだが後半はメスに変化する種（例：ベラ、ハナダイ、ホヤ）、あるいは順序が逆の種（例：カキ、ボタンエビ）、両性具有の種（例：ミミズやカタツムリ）などだ。

性のパラドックス

イギリスの理論生物学者ジョン・メイナード＝スミスは「無性生殖でふえる生物に比べ、有性生殖でふえる生物は二倍のコストがかかる。それにもかかわらず、有性生殖する種が多いのはなぜだろう」という問題提起をしている。

無性生殖では、どの親も子を産む（誰もがメスだ）が、有性生殖だと親の半数は子を産まないオスだ。つまり、子孫を生産する速度は半分に減ってしまう。もし、ある集団の中に有性生殖するタイプと無性生殖するタイプの個体が混在していると、無性生殖のほうが倍の速度で増えるので、無性生殖の生物ばかりになるはずだ。ところが、現実には有性生殖の生物が繁栄しているのだ。

性のパラドックスについては様々な仮説が提案されてきた。なかでもアメリカの遺伝学者ジェイムズ・F・クローと日本の国立遺伝学研究所の木村資生は共著論文でうまい説明をしている。無性生殖よりも有性生殖のほうが適応的な進化が速くなるというのだ。その理由は、淘汰《とうた》上有利な二つの突然変異を考えるとわかりやすい。

二種類の感染症にそれぞれ耐性を発現する二種類の突然変異があるとしよう。無性生殖する集団では突然変異は直列的に集団に組み込まれてゆく。一つの突然変異が起きて集団内に広がり、次に別の突然変異が起きるという方法で、二つの突然変異を持つ個体の集団ができてくる。だが、このやりかたでは長い時間がかかってしまう。

ところが、有性生殖で増える集団では突然変異が並列的に起きうる。別々に起こった突然変異が、相同組み換えによって一つの個体の中にとり込まれる可能性が生じるという意味だ。その後の自然淘汰の働きによって、両方の突然変異を持つ個体が増えていく。

自然死の正体

クロー・木村の説明は、複数の適応遺伝子を集団内で共有するには有性生殖が有利だという議論だ。ところで、突然変異の大部分はDNAのコピーエラーから生じる有害なものだ。コピーエラーはDNAが複製される時に大部分修復される。だが、すべてのエラーが修復できるわけではないので、修復されなかった有害遺伝子は少しずつ蓄積されてしまう。そして、ついには個体の死に至るのだ。

生物はこの難局を乗り越える起死回生の方法を発明した。それは多細胞化して、生き残る細胞と死ぬ細胞に分化することだ。つまり、盛んに細胞分裂して活躍したのち役割を終えて自然死する体細胞と、次世代に遺伝子を伝える生殖細胞との役割分担だ。

細胞の寿命に注目すると、体細胞はさらに二つのタイプに分類できる。皮膚のように次々に更新される（自然死する）細胞と、心筋や神経のようにほとんど再生しない細胞だ。前者はDNAのコピーエラー蓄積によって個体寿命に関与し、後者では活性酸素などが引き起こす細胞の老化が寿命を決めている。いずれにせよ、体細胞の寿命によって個体の死が訪れる。

いっぽう、生殖細胞はきわめて多数が生産され、その中から少数の優れた配偶子が選ばれるという形で、有害遺伝子の蓄積を回避している。ヒトでは一回の射精で放出される精子は何億個にもなるが、卵巣に到達して受精できる精子は一個だけだ。他は死んでしまうが、これも自然死だ。卵子は胎児の時に一〇〇〇万個以上が原始卵胞としてつくられる。毎月、そのうちの約一〇〇〇個が発育を開始し、一個だけが排卵まで生き残る。このようにして選び抜かれた精子と卵は、合体して新たな遺伝子組成の個体として世代をつなぐのだ。そして、さらなる自然淘汰が個体レベルで働く。

永遠の命への夢

古来、人間は永遠の命を求めて、秘薬を探してきた。古代メソポタミアのギルガメッシュ王の最後の旅、秦の始皇帝の仙薬、そして月に帰るかぐや姫が翁《おきな》への置き土産とする不死の薬。だが、有性生殖の進化を理解すると、永遠の命は叶《かな》わない夢であると納得できるだろう。

四〇億年前に誕生した生物は三〇億年にわたって無性生殖を繰り返してきた。だが、我々の先輩生物たちは病原体との闘いを生き抜くべく、有性生殖を発明した。つまり、死と遺伝子を取引したのだ。それが一〇億年前のことだ。もし、この発明がなければ、地球上の生物は細菌以上に進化することはなかったに違いない。

いまや人間の社会では事故死が圧倒的に少なくなり、自然死だけが寿命を決める時代になりつつある。だが人間は自然死を受け入れることにも抵抗し始めた。寿命の限界を伸ばそうとして使われている時間と資源は膨大になったが、その努力が報われるかどうかはわからない。現存世代の生への欲望は果たして人類を幸せに導くのか、真面目に考えるべき時代になったのかもしれない。

第6章 多様なオスとメスの関係

オスはどうして強さをアピールしたがるのか

動物のオスは派手で、メスは地味な姿をしている、というのがおそらく一般的な認識だ。そして、まっさきに連想するオスは、緑、青、金色のきらびやかな尾羽を持つクジャクだろう。動物園などで飼われているのは主にインドクジャクだが、扇のように開く尾羽（実は尾羽ではなく、上尾筒という尾羽の基部を覆う羽が変化したもの）を使ってディスプレイを行う。オスは尾羽をまっすぐに立てて大きく広げるが、これには相当の力を要する。オスは時々その尾羽を激しく揺さぶり、ガサガサと大きな音をたてるのでさらに力が必要になる。その合間に、この演技を宣伝するかのように、周期的に大声でクアークアーと叫ぶ。これにも大変なエネルギーを要するに違いない。

そこで心配になるのは、尾羽の長いクジャクは目立ちやすいし、動きが緩慢で捕食者に襲われやすいのではないかという点だ。インドクジャクの原産地は南アジアの森林だ。そこでは、トラやヒョウ、シベット、野犬などが棲んでいて、クジャクの捕食者としても記録されている。もしそうなら、クジャクのオスは派手な尾羽を持ってはいけない、メスと同じような地味な尾羽を持つほうがよいのではないかと思えてくる。

こういう難問の説明に先鞭《せんべん》をつけたのは、またもやチャールズ・ダーウィンだった。ダーウィンはこう考えた。自然淘汰ではない別の淘汰が働いたに違いない。それは「性淘汰」と呼ばれるもので、自然淘汰と同じように、繁殖に成功する子孫を増やす淘汰のことだ。違うところは、自然淘汰が個体の死亡率を下げたり産子数を増やしたりする形質に働くのに対し、性淘汰は（主にオスが）より多くの、あるいは（主にメスが）より良い交配相手を見つけようとする性質に働くのだ。つまり、オス間競争やオスとメスの相互作用が性淘汰の原動力だ。この論法では、クジャクのオスは、生存の可能性を多少犠牲にしてでも、メスに好まれる尾羽を発達させるのが有利だったということになる。

ダーウィンのもともとのアイデアは、内気なメスが闘争力旺盛なオスに口説かれてオスのものになるという、ビクトリア朝時代の社会通念に影響されて生まれたものだ。そのため、いくつかの論理的・倫理的な問題が含まれていた。だが、のちの後継者によって修正が加えられている。問題はまだ解消されたとは言えないが、その変貌をたどってみよう。

正直なシグナルの進化

ダーウィンの考えは、派手な形質がクジャクのオスに発達したのは、生存上の損失よりもメスから好まれる利益が上回ったからだというものだ。だが、野生条件で捕食を観察できることはきわめて稀で、実は、尾羽の長いクジャクほど捕食されやすいという証拠は見当たらない。むしろ、尾羽の短いヒナや、病気の（体色は衰え、尾羽の一部が中途で切れているような）個体が殺された記録が多いのだ。

クジャクは長く飛ぶことは不得手だが、いざとなれば枝まで飛んで逃げることができる。このような危機回避能力を含め、他のオスとの闘争能力、餌獲得の能力、寄生虫感染、健康の程度など、いろいろな生存能力には個体差がある。オスは自分の総合力をメスや他のオスに顕示するために、尾羽をシグナルとして使っているのかもしれない。クジャクの長い尾羽は生存に不利だという前提は、そもそも間違いなのではないか。

イスラエルの鳥類行動学者アモツ・ザハビはダーウィンの説は不十分だとして、シグナルの進化を次のように説明する。大きな尾羽は生存にとってコストになるが、だからこそシグナルとして有効に働くというのだ。ライバルよりも自分の能力が高いことを示すには、オスは大きな尾羽を誇示するのが良い戦術になる。だが、自分の実力に合わせたサイズの尾羽を持つべきで、それ以上に尾羽を大きくすることは危険だ。つまり嘘をついてはいけないという意味だ。尾羽は自分を宣伝する道具であると同時に、重い足枷《あしかせ》のようなものだ。大きすぎる尾羽を持っていては危機回避に失敗するかもしれないし、他のオスとの闘争ではひどい目にあわされるかもしれない。進化の結果、尾羽は実力に見合った正直なシグナルとして機能するように落ち着くはずだ。メスにとっても、オスから受け取るシグナルに嘘が含まれないのであれば、信用して優れたオスを選ぶことができる。こうして、クジャクの尾羽は現在の大きさになったというわけだ。

現在では、オスとメスの違いの多くは、このような性淘汰のために起きたと考えられている。シカやカブトムシの巨大な角、クワガタムシの大顎、カエルやコオロギの鳴き声、ゴクラクチョウの鮮やかな飾り羽などなど。だが、派手に自分をアピールするのがメスではなく、ほとんどはオスだという現実は、これだけではその理由がわかりにくい。

両性の繁殖努力

アメリカの進化生態学者ロバート・トリバースは、子を産んで育てる際の両性の繁殖努力の違いが性差を生む原因になると説明した。繁殖努力とはある個体が子を産んで育てるために一生のうちに費やした、時間とエネルギーとリスクの総計のことだ。オスもメスも多大な繁殖努力をかけて、自分の子をできるだけ多く残そうとするが、オスとメスではその限界に違いがある。

たとえばイヌのメスは生後一年で子イヌを産めるようになり、年二回発情する。一回の出産で五〜一〇の子イヌを産む。メスが発情した時は必ず交配して子を産み、寿命は一五年と仮定して計算すると、産子数の限界は約二〇〇だ。だが、この数はオスが生涯に持てる子の数の限界、つまり精子の生産量よりもはるかに少ない。このことはどんな動物でもほとんど例外なしだ。

動物が集団で生活していて、オスもメスもその集団内で繁殖しようとすると、オスは機会さえあれば、集団にいる全部のメスと交配することが理論上は可能だ。だが、一個体のオスが全部のメスと交配してしまえば、他のオスは子をつくれないことになる。多くの野生動物では、少数のオスがほとんどの交配を独占し、大半のオスが子を持たずに生涯を終える。その理由はオス間の競争の結果でもあるが、メスが特定のオスを選り好みするからでもある。

メスが選り好みする相手は、ふつう生存力の旺盛なオスや子育てに熱心なオスだ。優秀なオスの子を産めば、メスの遺伝子も一緒に存続する可能性が高いからだ。結果、集団は闘うオスと選り好みするメスで構成されることになる。

もちろん例外も多く、闘うメスと選り好みするオスで構成される集団も様々な動物で知られている。魚類ではタツノオトシゴやヨウジウオ、昆虫ではタガメ、コオイムシ、キリギリス、鳥類ではレンカク、タマシギなどがよく知られている。

種によってオスとメスの役割が逆転するのは、双方の性がそれぞれ異性の繁殖努力にただ乗りしようとするからだ。オスであればメスの出産・育児努力に便乗しようとして他のオスと争い、メスならばオスの防衛・育児努力を獲得しようとして他のメスと争う、といった状況になる。

はじめからオスが派手で筋肉隆々だと決まっているわけではない。おそらく食糧事情、天敵の存在などの微妙な環境条件の違いによって、どちらがより多くの繁殖努力を負うかが分かれるのだ。長い進化の歴史の中で、メスのほうが大きな繁殖努力を負うようになったケースが多かったのだ。

精子競争

ダーウィンは、もう一つ重要なプロセスを見落としていた。それはメスがしばしば二個体以上のオスと交尾することだ。短時間のうちに続けて異なるオスと交尾することもよくある。

ビクトリア朝時代の社会通念では、女性が二人以上の男性とセックスするなどあってはならないことだった。ダーウィンはこのステレオタイプを性淘汰説の中に持ち込んでいたのだ。オスはメスとの交尾を巡って競争し、オスの交尾回数の個体変異によって性淘汰が起きると考えた。そして、メスの交尾は子を得るためだけなので、複数のオスとの交尾は考えなくてよいと考えたようだ。しかし、メスが二個体以上のオスと交尾をするのが常態ならば、ダーウィンが考えもしなかったオスメス間の利害関係が問題になってくる。

メスが二個体のオスと続けて交尾すると、メスの生殖器の中に両方のオスの精子が共存することになる。これを「多重交尾」という。そうなると、メスはどちらかのオスの精子を使って卵を受精するが、他のオスの精子は無駄になってしまう。オスたちはメスとの交尾を巡って競争するだけでなく、交尾後にメスの体内で起きる卵の受精競争にも勝たねばならないということだ。このような交尾後のオス間競争を「精子競争」という。いっぽう、メスも交尾の前にオスを選り好みするだけでなく、自分の体内で精子を選り好みすることが可能かもしれない。

この問題を熱心に研究したのは、昆虫学者と鳥類学者たちだが、ここでは昆虫類で得られた成果を例に話を進めよう。

昆虫の精子競争メカニズム

昆虫の中にはオスがおそろしく精巧な生殖器を持ち、メスも著しく精巧な生殖器をもつものが多い。たとえば、トンボは交尾に先立ってオスが腹部の先端にある把持器でメスの後頭部をつかまえる（オスとメスが尾つながりになった状態）。次に腹部先端近くにある第一生殖器（睾丸）から、交尾一回分の精子を腹部基部近くの第二生殖器（ペニス）に移す。その後、メスが腹部を曲げて先端の生殖門をオスのペニスに結合させ、オスメスが輪の形になって交尾する。交尾はオスのペニスからメスの精子貯蔵器官（袋）に精子が受け渡されることによって完了するが、その間にオスはとんでもないことをやってのける。

トンボのメスの寿命は事故がなければ普通二〇日以上あり、精子貯蔵器官内の精子の寿命はそれよりも長い。メスはふつう産卵場所を訪れるたびに交尾をするが、交尾しなくても産卵できる。以前に交尾したオスの精子がメスの精子貯蔵器官に蓄えられているからだ。そこで、交尾しようとするオスはまず、メスの精子貯蔵器官からライバルオスの精子を掻《か》き出す。そのための道具もそなえていて、ペニスの先端両側にはとげとげの返しのついたブラシのような器官がついている。精子を掻き出した後、自分の精子に入れ替えるのだ。

交尾時間はトンボの種によって異なるが、たとえばカワトンボでは交尾は五〇～一五〇秒。はじめから八〇％くらいの時間は精子の掻き出しに費やされる。注意深く観察すると、この間オスがペニスを二秒に一回くらいのペースで動かしているのがわかる。肝心の精子の受け渡しに要する時間は最後の三～一〇秒程度だ。これで精子のほとんどは入れ替わり、卵の大部分は最後のオスの精子によって受精されることになる。オスにとってはメスが産卵する直前に交尾するのが圧倒的に有利になる。

だが、これだけが精子競争に勝つ方法ではない。メスと交尾したオスは次に交尾しようと接近するオスを撃退すべきだ。もし、メスが新たなオスと交尾すれば、自分の精子は掻き出されてしまう。トンボの多くの種では、メスは交尾後すぐに産卵する。オスは産卵中のメスの近くで警護し、他のオスが近づいて交尾しようとすると突進して追い払う種が多い。

処女メスと交尾したあと、再交尾できないように膣に栓をしてしまう種もいる。チョウのメスは一回だけ交尾することが多いが、それはオスが精子をタンパク質でできた袋（精包）に包んでメスに渡すからだ。精包のボリュームが、メスの精子貯蔵器官を膨満させると、メスは再交尾しなくなる。精包のタンパク質は精子を入れる袋としても機能するが、メスの栄養分にもなり、貞操帯としても機能するということだ。

また、昆虫の精子はしばしば多型的であることも知られている。チョウの仲間では、受精能力がある小型の有核精子と、大型の無核精子が半数くらいで混じっている。無核精子の役割はよくわかっていないが、もしかしたら精子貯蔵器官を充満させるための安上がりの精子なのかもしれない。

カワトンボ。トンボの仲間の多くは、メスにとって好適な産卵場所（水たまりや水生植物の群落など）をオスが縄張り占拠し、侵入しようとする非縄張りオスを追い払う。縄張りオス、非縄張りオス、交尾直後に産卵するメス、直前の交尾なしに産卵するメスなどが入り混じり、複雑な交尾戦略が展開する。

置き去りにされたメスの役割

これまでの説明で、メスに多重交尾の機会があれば、多様なオスの精子競争戦略とそれに合わせた性行動や婚姻形態が生まれることがわかるだろう。だが、気をつけて読んでもらうとわかるように、精子競争の概念はほとんどオスの視点で組み立てられたものだ。何か違和感がある。まるでメスという均質な畑（精子貯蔵器官）に、オスがタネ（精子）を撒《ま》き、多様な技術を使って雑草を駆除（精子掻き出し）しているようなイメージなのだ。

メスが続けて二個体のオスと交尾した場合、先のオスが有利か後のオスが有利か、その割合（精子優先度）を調べれば種ごとの精子競争の程度を記載できると思われてきた。だが、メス側の条件をそろえないと、精子優先度はきわめてバラつくのだ。たしかに、メスの齢や交尾時刻、サイズ、交尾間隔など、いろいろな条件をそろえると比較的安定した値が得られることが多い。

だが、メスがいつも同じ状態でいるはずはない。メスにも個体変異はあるし、成長や老化、排卵周期などによる状態の変化はオス以上のものがある。明らかに、メス側の議論が不足しているのだ。メスの多様性という視点を入れると、これまでの精子競争の概念はどう変わるだろうか。

メスによる父性のコントロール

ダーウィンの性淘汰理論によって、オスは競争に打ち勝つために闘争的な肉体になるか、メスに好かれるように派手になったというイメージが広まった。だがこの単純化は、男たちの次のような短絡した理解（ステレオタイプ）につながってしまったようだ。「オスの成功はできるだけ多数のメスに子を産ませることだ。いっぽう、メスは多重交尾するより、一個体のオスを選んで貞節を守るのが成功への道だ。」

だが、動物を見るとメスの多重交尾はありふれた事実だ。ヒトにも少しその傾向がある。メスの多重交尾には重要な進化的な意味があるに違いないと、行動研究者たちが進めたのが精子競争の研究だ。その成果として、メスに多重交尾の機会があれば、オスに多様な精子競争が生じることがわかったのだ。種多様性が巨大化した理由の一つは精子競争だったという説明には説得力がある。だが、精子競争の概念はほぼオスの視点で組み立てられてきたことも事実だ。受精に関してメスが完全に受け身であるはずはない。科学者たちも、最近までステレオタイプの呪縛から自由ではなかったのだ。では、メスが決定権をもつような繁殖行動とはどのようなものだろうか。

交尾のタイミングはメスが決める

交尾に関して、メスがまず支配するのはその頻度とタイミングだ。先に紹介したカワトンボについて、繁殖行動の一日をオスとメスで比べてみよう。五月の連休明け頃、天気の良い日に低山地の渓流に行くと盛んに活動しているカワトンボを見ることができる。

日が昇って明るくなると、近くの林の中で休んでいたオスたちが、まず岸辺に飛来する。そして、水面を突き抜けて伸びている水草や流木などにとまり、岸に沿った二〜四メートルの範囲を縄ばりとして占拠する。水草や流木に産卵しようとメスが飛来するので、待ち受けるには絶好の場所だ。だが、メスがいつ飛来するのかはわからない。そのため、オスは朝から夕方まで八時間もメスを待ち続ける。メスの飛来に気づくと目の前に飛び出して激しく翅をはばたかせながら、ドローンのように停止飛行する。これが求愛ディスプレイだ。

岸辺に来たメスは、しばらく木の枝葉などにとまって産卵場所を物色しているように見える。あるメスは不意に飛び立ち、オスの目の前で誘うような飛び方をしてオスがつかまえやすい場所にとまる。求愛を受け入れるサインだ。別のメスはオスに気づかれないように、縄ばり内に潜入し、精子貯蔵器官に蓄えている他のオスの精子を使って産卵しようとする。またあるメスは交尾を避け、オスのいない場所で産卵する。そうかと思うと、一日でいくつもの縄ばりを訪れて何匹ものオスに求愛されるメスもいる。メスが求愛を受ける行動は実に様々だ。

飛来したメスがオスの求愛を受け入れるかどうかはメス次第。求愛を受け入れて交尾できたとしても、産卵に至るかどうかもメス次第。メスは約三秒に一個のペースで産卵し、産卵時間は一分から三〇分（まれに三時間）の範囲が多い。この産卵時間の長さもメスに決定権があり、短時間しか産卵しないメスもいれば、長時間産卵し続けるメスもいる。オスは縄ばりから出て行こうとするメスをひき止めようと再びディスプレイ飛翔で求愛するが、あまり効果はない。

このようなメスの気ままとも思える行動が精子をえり好みする手段であるとすれば、オスの交尾回数だけで性行動を理解しようとするのでは不十分だ。むしろ、卵がどのオスの精子によって受精されたのかのほうが重要になる。

鳥類のメスは精子を選べるか

オスが交尾に成功するには、メスが協力的でなければうまくいかない。ただ、稀にはオスが無理やり交尾してしまうこともある。だが、メスたちは受け取った精子の使い方を、ある程度コントロールできるらしい。アメリカの鳥類行動学者ナンシー・バーリーはキンカチョウの精子選択について注目すべき発見をしている。

キンカチョウというのは、よく見かけるスズメ科の飼い鳥だ。嘴《くちばし》は赤く、頭から背中にかけては灰色で、尾は白と黒の斑《まだら》。オスは頰がオレンジ色で胸部に黒い帯があることで性を区別できる。

多数のキンカチョウを鳥小屋で一緒に飼育すると、オスとメスが固定的な番いを形成し、共同で巣づくりと育児を行う。社会的な一夫一妻の番いだが、時々番い外交尾が起きる。バーリーはDNA分析による親子判定法を使って、番い外交尾によって生まれたヒナを特定することができた。結果、バーリーが飼っていた集団で生まれたヒナ鳥の二八％は、番い外交尾によることがわかったのだ。

キンカチョウのオスは、しばしば番いではないメスに対して交尾を強要する。これらのヒナたちは、オスが暴力的にメスに産ませたヒナではないかとはじめは推測された。ところが、暴力的な交尾の成功率を調べてみたところ、驚くべきことがわかった。観察された番い外交尾の八〇％はオスがメスを攻撃して交尾を強要したものだったのだが、このような交尾からは全く子が生まれなかったのだ。ということは、番い外交尾に由来する二八％のヒナたちは、強要されなかった（もしかしたらメス主導の）番い外交尾によって生まれたということになる。

メスたちが異なるオスに由来する精子をどうやって区別しているのかはわからない。メスの排泄腔《こう》（鳥類が精子を受け取る部位）に、何か避妊のからくりがあるに違いないのだが。

それにしても、番い外交尾によって生まれたヒナの割合は予想外に大きい。メスは育児に有能なオスや健康なオスを選んで番いになって子を産むほかに、番い外交尾で子を産むのも選択肢の一つかもしれないのだ。番い外の子も（オスには内緒で）オスの協力を得て一緒に育てることができれば、番い外交尾はメスの繁殖成功をより高める戦略になるはずだ。

キンカチョウ。キンカチョウは群れで生活し、繁殖する。オスとメスのペア選びはかなり慎重のようで、その主導権はメスにあるようだ。

昆虫のメスは精子を選べるか

一部の昆虫のメスでは、精子貯蔵器官を使った精子選択が可能だろうと考えられている。たとえばカワトンボ類のメスは複数の精子貯蔵器官（一つの交尾嚢と二つの受精嚢）を持っている。なぜ複数の精子貯蔵器官が必要なのかは謎だが、いくつかの推論がある。メスはオスからの精子をまず交尾嚢で受け取り、精子を受精嚢に移動させて保存する。まるで精子の運動性能をテストしているかのようだ。メスは気に入ったオスの精子を受精嚢に保存し、他のオスの精子は交尾嚢に置き去りにして、選択的に使っているのかもしれない。

あるいは、オスによる精子掻き出しを逆手にとったやり方だとも考えられる。交尾の際、オスが精子を掻き出せるのはほぼ交尾嚢からだけなのだ。気に入らないオスの精子は交尾嚢に残し、次回に交尾するオスの新しい精子と入れ替えている可能性もある。

メスがなぜ精子を選択するのか、もう少しわかりやすい例がキリギリスの婚姻贈呈だろう。オスのキリギリスは、交尾の際に大きな精包をメスの排泄口に付着させる。精包は精子が入っている小袋と大きなタンパク塊の二つの部分でできている。交尾を終えたメスは精包のタンパク塊部分から食べ始めるのだ。メスはタンパク塊を食べ終わると、最後に精子が入っていた小袋も食べてしまう。

メスがタンパク塊を食べ終わるまでの時間は平均三〇分。その間に、小袋のなかにあった精子はメスの体内に移動しなければならない。その所要時間も平均三〇分だ。精包が十分大きければ、メスがそれを食べ終わる前に、ほとんどの精子はメスの体内に到達できる。しかし、小さな精包だとすべての精子が移動する前に小袋ごと食べられてしまうのだ。

メスにこのような精子選択の機会があれば、進化ゲームのルールを決めるのはメス側になる。キリギリスのメスは交尾後すぐに排泄口から精包を剥がして、精子が残ったままの精包を食べてしまうことも可能だろう。それを防ぐために、オスはタンパク塊の栄養価を高める、あるいは大きくするなど、懸命に努力してメスに気に入ってもらうしかない。

オスにとって大きな精包をつくることは大変な負担だ。いくら狩りがうまくてたくさん餌を食べても、十分に大きな精包は生涯で一回か二回しかつくれない。つまりオスの一生の交尾回数は実質一、二回だけだ。いっぽうメスは何度も交尾し、オスからもらう精包の栄養を使って、より多くの卵、大きな卵を産むことができる。こうしてキリギリスは多重交尾の配偶システムへと傾いてゆく。

だがキリギリスのようにオスが交尾時に贈り物をする動物は例外的だ。他の多くの動物では、メスがオスから受け取るのは、ほとんど精子だけなのだ。このような場合でも、メスの多重交尾は子孫繁栄につながるのだろうか。

大量生産の精子と厳選された卵

性淘汰理論の出発点は、メスが少数の大きな配偶子（卵）をつくり、オスが多数の小さな配偶子（精子）を作ることだった。これだけを前提に進化のストーリーを考えると、オスは多くのメスと交尾し、メスは卵をつくってオスを待つように進化するという話になりがちだ。

だが、卵と精子の質を考えるとどういう展開になるだろう。ここで考えているモデルはヒトだ。卵であれ精子であれ、きわめて多数が生産され、その中から少数の優れた配偶子が選ばれて合体するという形で体細胞がつくられる。ヒトの精子の場合は、精巣の中で毎日一億個も生産され、一回の射精で放出される精子は最大三億個にもなる。だが、放出された精子が同じように受精能力を持っているわけではない。元気な精子も、奇形精子も一緒に射精される。つまり、オスは精子の品質管理がゆるいのだ。だが、卵に到達して受精できる精子は一個だけだ。メスにはどの精子も選ばない避妊という選択肢さえある。

いっぽう、卵は女児が生まれる前、つまり胎児の時にすべてが原始卵胞としてつくられる。ヒトではその数、一〇〇〇万個以上。それが女児誕生の時に約一〇〇万個、初潮の時に約四〇万個にまで選別される。それからは毎月約一〇〇〇個が発育を開始し、そのうちの一個だけが排卵まで生き残る。

このようにして、精子も卵もメスの体内で選び抜かれ、メスの体内で受精が成立して初めて新たな個体が生まれ、世代をつなぐのだ。

多重交尾は妊娠率を高める

精子の量や正常な精子の割合が妊娠率に影響することは、ヒトの産科医療や家畜繁殖の研究を通してよく知られている。また、不妊症は精子の量や質の不足に原因があることが多い。

精子の質にバラツキがあることは、多くの動物でも共通だ。同じオスが生産する精子であっても、加齢、疾病、季節、栄養条件、交尾間隔など、様々な原因で精子の量と質は変化する。だから、どんなに健康なオスと交尾しても、受け取った精子によって確実に妊娠できるとは限らない。番い外のオスとも交尾することは、不妊のリスクを低減させる有効な方法にちがいない。

小鳥でも魚でも昆虫でもよい。実験室でメスを一個体のオスと交尾させて子を得ようとしても、産卵しない、未受精卵を産む、孵化しない、子の死亡率が高いなど、様々な不具合が起きることがある。ところが、複数のオスとメスを一緒にして、自由に交尾できるようにしておくと、孵化率や子の生存率に改善が見られることがよくある。これは多重交尾によって、質の悪い精子と受精してしまうリスクが減少するためだと思われる。そのほかにもメスにとって多重交尾が好ましい理由がいくつか提案されているが、ここまでにしておこう。だが、こまったことに多重交尾はオスメスの関係に厄介な対立を起こしがちだ。

一夫一妻制の幻想

鳥類の九五％は一夫一妻で家族をつくると言われてきた。一夫一妻とはオスとメスが不貞を働かず、共同で自分たちの子を育てることだ。鳥類の社会は人間のお手本だったのだが、残念ながら、この規格にあてはまる鳥はそれほど多くない。たとえば、一夫一妻のお手本のように見られているオシドリ。ヒトの目にはオスとメスが仲良さそうに水面を泳いでいる場面が印象的だが、実はオスは他のオスにメスを奪われないように張り付いているとも解釈できる。ペアが一生継続するわけでもない。ペアが続くのは繁殖シーズンのはじめからメスが卵を産むまでのことだ。その後はメスだけが抱卵し、孵化したヒナの世話をする。

近年の鳥類のDNA親子判定によると、多くの種で二〇〜三〇％のヒナが番い外交尾に由来することがわかっている。オシドリも例外ではない。番い外交尾がいつ起きているのかはよくわかっていないが、産卵を終えてオスと別れた直後のメスならば、番い外交尾で新たな卵を追加することは可能だろう。

なぜ、ペアはシーズンの終わりに解消するのだろう。オスのほうが抱卵と育児のコスト負担を嫌うのかもしれないし、あるいはメスがオスによる束縛を逃れて自由になろうとするのかもしれない。そこには虚々実々の駆け引きがあるに違いない。

父性を確信できないオス

オスとメスが共同でヒナに給餌する小鳥たちも同じような問題を抱えている。森の中に営巣して五〜一〇羽ほどのヒナを育てる小鳥たち（カラ類やウグイスなど）は、オスもメスも番い相手の目を盗んで、よその異性と交尾する種が多い。となりの縄ばりのオスがメスに近づいてきたり、メスが縄ばりをこっそり抜け出したりするのだ。交尾は薮《やぶ》の中などで起きるので、ほとんどヒトにはわからない。たぶん小鳥たちでもそうだろう。その結果、巣の中では父親の異なるヒナが一緒に育つことになる。メスにとって巣の中のヒナたちは間違いなく自分の子だ（他のメスに托卵される種もあるが、その話はここでは割愛しよう）。だが、オスは、他のオスに由来するヒナたちを、自分の子として育てることになる。オスはヒナたちが自分の子であるかどうか確信を持てないからだ。

いっぽうメスは、本当の父親は内緒にしておくほうがよい。発覚すれば、オスの育児放棄や、子殺しが起きる可能性があるからだ。だが、これを不倫、不貞などと思うなかれ。そう思うあなたは、まだステレオタイプに囚《とら》われている。

オシドリ。オシドリ夫婦という言葉があるようにオスとメスがいつも同伴し、仲の良い夫婦を連想させるが、実態はそうでもなさそうだ。他のオスがメスを誘惑することを警戒するために常時メスに随伴しているのだとも解釈できる。

第7章……「母性本能」神話からの脱却

男は乱暴で向こう見ずで、多くの女と関係を持ちたがり、女は優しくて用心深く貞節を守るという、根強い固定観念がある。男女の行動の違いはすべての動物に共通する生得的（遺伝的）なものであり、それぞれが、最大限の繁殖力を引き出せるように進化してきた、というのが一般通念らしい。

だが、ヒトや動物の体の特徴や行動を詳しく調べると、この性差の説明の多くが誤りだとわかる。多くの動物で、複数のメスと交尾したオスが、一個体のメスと交尾したオスよりも多くの子を残すのは確かにそうかもしれない。しかし第6章で示したように、メスも交尾相手は複数のほうが有利な場合が多いのだ。また、適応的な行動の発達を決めるのは遺伝だけでなく、生育環境も影響することがわかってきた。ヒトの場合、ジェンダー文化そのものが生育環境として、男や女の行動に大きく影響しているのだ。

動物たちが見せる行動の中で、ヒトの心をとくに揺さぶるのが、母性に関連する事柄だろう。母イヌが子イヌに授乳する姿、ニホンザルが子ザルを抱えて運ぶ姿から、メスは本能的に母になるすべを知っているように見える。ここから、母性行動は自然なのであり、母は子を育てる性なのだと論理飛躍したくなる。

最近の行動生態学や進化生態学は、オスメス関係の多様性を指摘することで、固定観念の誤謬《ごびゅう》を暴いてきた。その中からいくつかを紹介したいが、その前に、この章で使っている用語を少し説明しておく。ヒトも動物の一種だが、「動物」を「ヒト以外の動物」の意味で使う。「性」は生物学的な形質による分類で、「ジェンダー」はヒトの文化的な帰属意識による分類とする。その延長として、「性」の区別はオス・メス、「ジェンダー」の区別は男・女と表記している。

「競争する性と選ぶ性」という神話

オスとメスの不平等に関する進化的説明の起源は、チャールズ・ダーウィンの性淘汰《とうた》理論だ。彼は次のように考えた。求愛と交尾の場で選ばれる立場にあるのはオスだ。だから、メスではなくオスが大きな体や大きな角などの闘争形質を進化させ、縄ばりや順位などの社会システムを生み出し、交尾相手をめぐる競争に使ってきた。競争に使うのは武器だけではない。羽飾りや求愛の歌、フェロモンなど、異性を惹《ひ》きつける美的な形質を進化させたのも、ほとんどがオスだ。

ダーウィンの「言葉による理論」を「データによる検証が可能な理論」として再提案したのはイギリスの遺伝学者アンガス・ベイトマンだった。二〇世紀半ばのことだ。自然淘汰と同様、性淘汰の結果として、繁殖成功度にバラツキができる。つまり、一部の個体の子の数が他の個体よりも多くなると、それが進化の原動力になる。もし、性淘汰がメスよりもオスに強く働いているのであれば、オスの繁殖成功度のバラツキは大きく（大勢の子の父親となるオスが少数、子のできないオスが大勢いるような状態）、メスのそれは小さい（子の数はあまり違わない）はずだ。そういう状況であれば、オスは競争に勝てる性質を進化させるはずだし、メスは皆同じであってよいという理屈になる。

ベイトマンは、性淘汰の圧力に性差があることを示すために、様々な遺伝形質を持つショウジョウバエを混ぜて飼育してみた。そして、個々の父親や母親の性質を持つ子がどれだけ生まれたかを数えるという巧妙な実験を行った。その結果をもとに、繁殖成功度のバラツキが大きいオスに性淘汰が強く働いていると結論したのだ（図3）。

アメリカの進化生物学者ロバート・トリバースは、ベイトマン理論をさらに一歩先に進めた。メスが卵を生み、オスがそれを受精させるという違いだけが進化の原動力なのではなく、両性が生殖に貢献している「投資」の総量に注目したのだ。配偶子の性差に加えて、妊娠、給餌、授乳、子の保護な

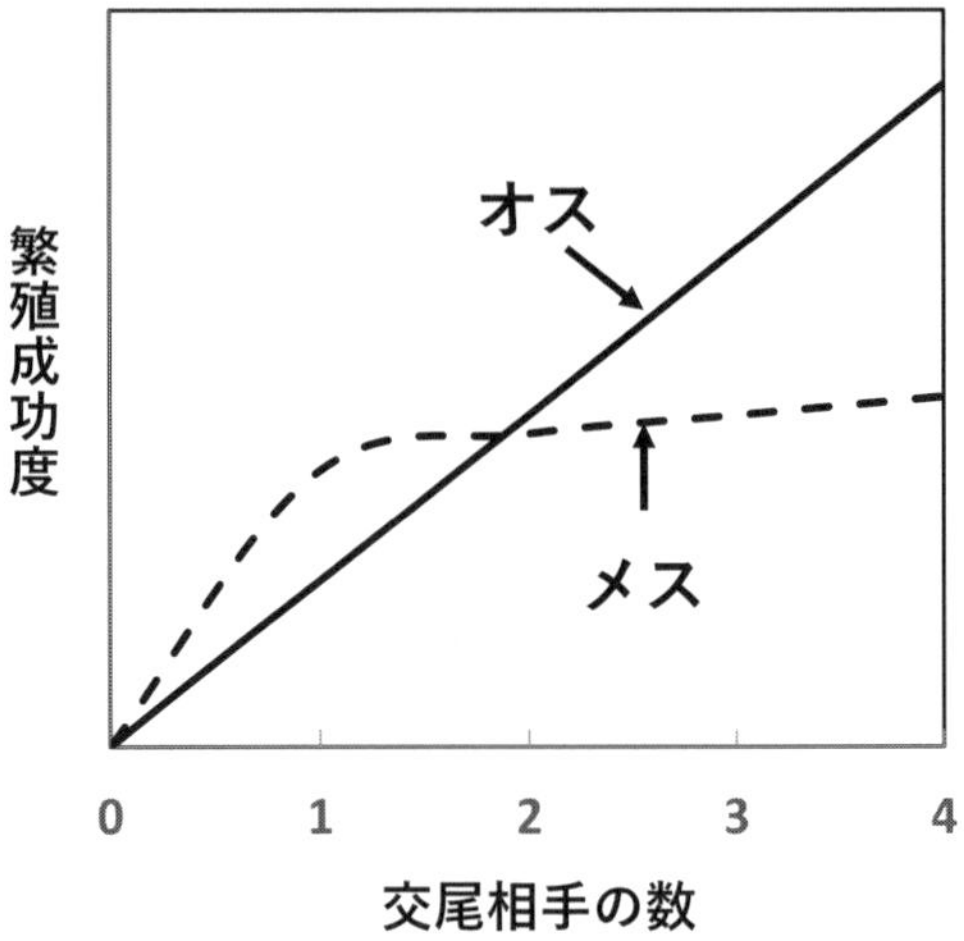

図3●ベイトマンの仮説。繁殖成功度（残せる子孫の数）はオスでは交尾相手の数に比例し、メスでは交尾相手の数によらず一定と考えられる。

どの育児への投資を含めて考えることで、性の役割分化を説明できる範囲が大きく広がった。

たとえば哺乳類のほとんどはメスだけで育児する。これは妊娠と授乳がメスに偏っているためのようだ。鳥類の多くはオスメス共同で育児すると言われているが、オスだけで育児する種（タマシギやレンカクなど）や、メスだけで育児する種（ゴクラクチョウやクジャクなど）もいる。生息環境でのヒナへの給餌の容易さが役割分化に影響していると考えられる。魚類にも稀《まれ》に子育てする種がいるが、オスが担当するケース（タツノオトシゴやティラピアなど）がほとんどだ。昆虫の多くは卵を産みっぱなしにするが、社会性昆虫のアリやスズメバチなどはメスが、タガメやコオイムシなどではオスが育児する。いずれも、子育ての環境が性の役割分化をもたらしたと考えられる。

この「ベイトマン・トリバース理論」は非常に鮮やかで説得力がある。論文が発表された後、この理論が当てはまると思われる動物が次々に報告されていった。いっぽうで、基本になっている仮定が適切でないことも判明してきた。一つの誤りは、オスにとって交尾は安上がりだとする仮定、もう一つは、メスは自分の卵を受精させるために一個体のオスとしか交尾しないとする仮定だ。

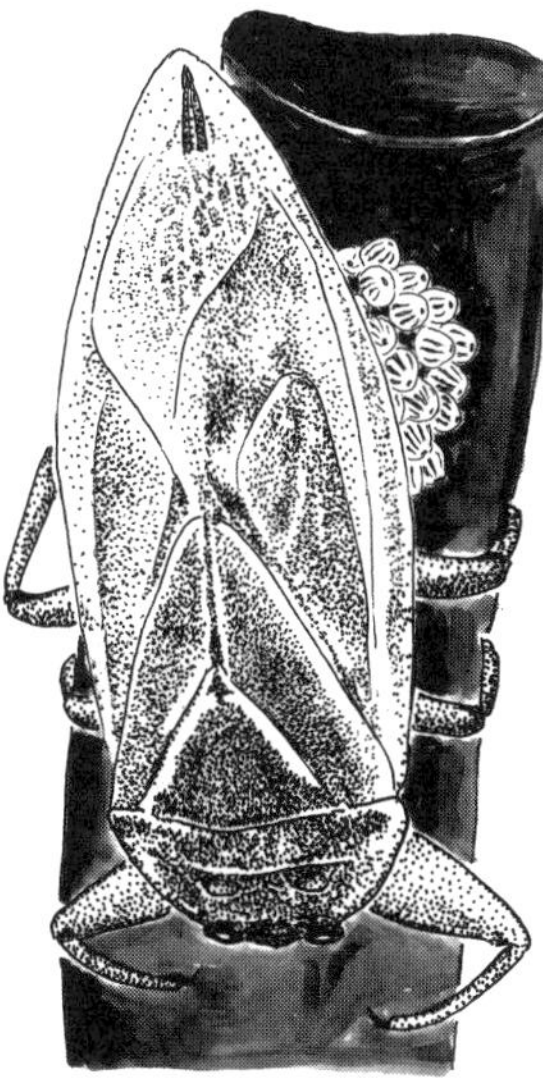

卵を守るまもるタガメのオス。かつて里山に普通に見られたタガメは今では絶滅危惧種。タガメは水田や湿地で卵の発育に好適なスポット（完全水没でもなく乾燥しすぎにもならない高さの水生植物など）をオスが開発し、メスの産卵を促す。メスはそのような場所を占拠できるオスを選んで交尾し産卵するが、卵の世話（適度な水分の調節や天敵からの防衛）はオスが担当する。

昆虫のオスにとっての交尾コスト

オスはいつでも交尾が可能というわけではない。昆虫の交尾・産卵行動を詳しく観察すると、このことがよくわかる。

昆虫が体内受精を行う点は、我々哺乳類と同じだ。しかし、子細に見ると我々の受精法とはかなり違っているので、まずは、昆虫の生殖行動について説明しよう。明らかに我々と異なる点は、卵が産下される直前に受精が起きることだ。たとえメスが交尾していても卵巣の中の卵はすべて未受精なのだ。卵は未受精のまま卵巣から輸卵管を通過するが、受精が起きるのは卵が輸卵管を通過し終わる時(つまり産卵直前)だからだ。

メスは精子を貯蔵する袋(交尾嚢《のう》と受精嚢)を持っているか、あるいは輸卵管の途中に膨らみがあって、そこに精子を蓄える。そして、精子の貯蔵袋には輸卵管につながる開口部があり、そこが受精の起きる場所となる。

交尾嚢や受精嚢の中に貯蔵された精子が長期間活性を失わないことも一つの特徴だ。たとえば、ミツバチの女王は一生に一度の結婚飛翔で交尾し、その時受け取った精子で数年にわたって受精卵を産み続ける。これほど顕著ではないにしても、昆虫のメスは一回の交尾で受け取った精子だけですべての卵を受精できるのが普通だ。

ただし、このことが直ちに「オスは何度でも交尾し、メスは一生に一回しか交尾しない」ことを意味しているわけではない。産卵数に比べて交尾回数がきわめて少ないのは事実だが、オスが一生に一〜二回しか交尾しない種や、メスが何回も交尾する種はいくらでもいる。それぞれに特殊な事情があるのだ。

受精は産卵直前に起きる、メスは精子を長期間保存できるという、二つの特徴を頭にインプットしてもらったところで、オスの交尾回数がなぜ制限されるのかを見てみよう。

交尾中に精包を渡すチョウ

チョウやガの交尾では、オスが精包の前駆物質（主成分はタンパク質）をつくり、メスの体内（交尾囊）にそれを送りこんで精包（精子を包む小袋）をつくる。精包ができた後、精子はその中に注入される。交尾囊はヴァギナの奥にある倉庫のようなものだ。精子は交尾囊にとどまっていても受精はできない。精包を抜け出し、交尾囊から産卵管の途中にある受精囊（裸の精子を貯蔵する袋で、その開口部が受精の場所）に泳いで移動しなければならない。いっぽう、交尾囊に残った精包はメスにとっては貴重な栄養源になる。

モンシロチョウでは、精包のタンパク質が卵の生産に使われることがわかっている。モンシロチョウがタンパク質を摂取できるのは幼虫期だけで、成虫はタンパク質を含まない花の蜜を吸ってエネルギーを得ている。オスが精包をつくるには幼虫期に蓄えたタンパク質を使うしかない。

オスがメスに高タンパクの精包をプレゼントするのは、それがメスの再交尾抑止につながるからだ。メスは一度交尾をすると、その後一週間ぐらいは、再交尾しなくなる。接近して交尾しようとするオスに対しては翅を広げ、腹部を立てる交尾拒否の姿勢をとるからだ。レイプはほぼ不可能だ。

交尾拒否行動は、交尾嚢に大きな精包が入っている時には顕著だが、精包が消化吸収されて小さくなると、メスは交尾を拒否しなくなる。小さな（あるいは老いた）オスから小さな精包を受け取ってしまったメスも再交尾を受け入れる。

これらのことから、オスメスのとるべき戦略は明らかになる。オスは最初の交尾に精力を費やすべきだ。そうすれば最初のメスが産む卵のほとんどで父親になれる。そのために、オスは最初の精包を大きくし、次回以降は小さな精包でなんとかやりくりする。いつ出会うかわからない次の交尾相手のために資源を貯蔵しておくわけにはいかないのだ。いっぽう、メスは最初の交尾相手が初回交尾の健康なオスなら満足できるかもしれないが、老いたオスや小さなオスなら、もっと若くて健康なオスとの再交尾をはかるだろう。これを交尾回数という尺度で見ると、オスは最初の交尾が重要で二回目以降の交尾は付録のようなものだ。メスにとっては、初体験オスとの交尾ができればほぼ成功と言えるが、再交尾もバックアップとして意味がある。つまり、基本はオスもメスも交尾は生涯一回だけなのだ。この世界には「オスは見境なし、メスは貞節」というイメージは浮かばない。

モンシロチョウの交尾拒否行動（左がオス、右がメス）。オスは交尾の際、精包に入れた精子をメスに渡す。精包はタンパク質の塊で、メスは将来の卵生産の資源として利用できる。一方、精包はメスの精子貯蔵器官を充満させ、交尾拒否の行動（腹部を縦に起こす姿勢）を引き起こす。この姿勢によって、２回目の交尾を試みるオスは交尾ができなくなる。

ハゴロモガラスの番い外交尾

ハゴロモガラスはスズメ目ムクドリモドキ科の鳥で、北アメリカから中央アメリカにかけて分布している渡り鳥だ。カラスの仲間ではない。オスは全身がほぼ黒色で、肩に大きなオレンジ色と黄色のスポットがある。メスは暗褐色の地味な縦縞模様。水辺に生息し、昆虫や果物、草の実、穀物を採食する。時に数十万の大群となって耕地や果樹園で大きな被害を与えることがあるので、農家としては個体数をコントロールしたい。とはいえ、多くのバードウォッチャーが春のシンボルと考えている鳥たちを、大量に射殺したり毒殺したりすることはためらわれる。そこで、一九七〇年代前半に、アメリカ合衆国の農業害虫防除の専門家であるオリン・ブレイらはある方法を思いついた。オスのパイプカット（精管切除）だ。

ハゴロモガラスは「一夫多妻」の鳥で、一羽のオスの縄ばりに一〜四羽のメスが巣作りし、産卵する。こういった配偶システムは、オスが不妊になっても成立するが、産まれた卵が孵化《ふか》することはないはずだ。こうした予測のもとに、一九七一年にコロラド州のレイクウッドにある八羽の縄ばりオスのパイプカットが行われた。結果は、驚いたことに、パイプカットをしたオスの縄ばりで産まれた卵の大部分が有精卵だったのだ。それはメスたちが縄ばりの外のオスから精子をもらったことを意味していた。こうして、オスのパイプカットを個体数調節の方法として用いようとする目論見《もくろみ》は、ハゴロモガラスの（ブレイいわく）「メスの乱婚」によって台無しになった。

この実験結果には、もう一つ重要なポイントがある。当時は、鳥の九〇％以上が一夫一妻で、番い相手以外とは交尾しない道徳的な動物と信じられていた時代だ。ハゴロモガラスは一夫多妻だが、それでもオスは縄ばり内のメスとだけ交尾し、メスも縄ばりオスとの貞節を守ると信じられていたのだ。しかし、この実験結果が示した一夫多妻制は、それまで考えられてきたようなものではなかった。しかし、一九九〇年代になってDNAを使った親子判定ができるようになるまで、ブレイの得た結果はほとんど忘れられ、この鳥の父性の研究は進まなかった。

ハゴロモガラス（左オス、右メス）。オスは羽に派手なオレンジ色と黄色のスポットを持つ。湿地に営巣地を持ち、大群で農作物を荒らすので害鳥とみなされていた。パイプカットによる個体数調整の失敗からメスの交尾相手は縄ばりオスだけとは限らないという新たな認識が広まった。

DNAによる親子鑑定

カナダのライル・ギブズらは、オンタリオの小さな沼地で営巣しているハゴロモガラスを使って研究を行った。彼らはオスたちの縄ばりの地図をつくり、それぞれの縄ばりに定住するメスたちの数を記し、それぞれの巣にある卵とヒナの数を数えたのだ。さらに彼らは、沼地に住むすべての個体から血液サンプルをとって、DNAを検査した。

ギブズが得た結果は驚くべきものだった。縄ばりで生まれたヒナの半数近くは、縄ばりオスではないオスが父親だったのだ。先のブレイの研究があったにもかかわらず、縄ばり内のヒナの父親はすべて縄ばりオスのはずだと予想されていた。ところが、実態は全く違っていたのだ。

ある縄ばりオスのケースでは、自分の縄ばりで育った五羽のヒナのうち二羽が自分の子で、三羽は別の縄ばりのオスのヒナであり、自分もよその縄ばりの一羽のヒナの父親だった。自分の縄ばりで一〇羽のヒナが育っても、実際にはたった一羽だけの父親だったケースもあった。

ハゴロモガラスが特別なのではない。二〇二〇年までに数百の番い外交尾の報告が蓄積されてきた。これまで一夫一妻と信じられてきた鳥のほとんどが、番い外交尾を行っているのだ。「オスは見境なし、メスは貞節」という神話は、すでに過去のものになった。結婚というルールをつくった人間が、その基準のもとにつくった配偶システムという分類概念（一夫一妻、一夫多妻、一妻多夫など）を動物に当てはめたのが間違いだったのかもしれない。動物にはそんなルールは存在しないのだから。

ジェンダー議論に動物の行動を参照する愚

なぜ人間は動物の番い外交尾に下衆《げす》な関心をいだくのだろうか。大衆雑誌に動物のつがい外交尾が紹介される時、特にメスの行動が「裏切り」「不倫」「浮気」などの言葉で表現される。まるで、政治家や芸能人の不祥事を暴露するどこかの週刊誌のようだ。動物界の出来事を自分たちに投影して、厄介なことが暴露されたとでも思うのだろうか。

それよりも、動物から学ぶべきことは、番い外交尾がオスとメスの両方にとって何を意味するのかという問題だろう。特に、どのような環境要因が番い外交尾を有利にするのか、あるいは不利にするのかを知ることだ。一九九〇年以降、動物研究者たちはオスやメスが複数の交尾相手を持つことのコストとベネフィットを評価し始めた。そして、個体群の密度や、子に与える餌の豊富さ、繁殖期の長さ、繁殖寿命の長さ、毎年同じ場所で繁殖する傾向など、様々な要因が番い外交尾の有利さに影響することがわかってきた。そこから得られた一般的な示唆は「たいていの動物では、メスのほうが、交尾や精子の受け渡しをコントロールしている部分が大きい」ということだ。

オスとメスたちは、複数の交尾相手から遺伝的な利益を得ている可能性もある。メスは、あるオスの縄ばりに定住しながら、他のオスと交尾をすることで、自分の子の遺伝的多様性を高めることができる。予測し難い環境変動の中で生き残るには、このような配偶行動が有効だったのだ。多様な形質のヒナがいれば、少数でも子孫が生き残る可能性が高まるからだ。

「母性本能」という誤解

「母性本能」という言葉はあまりに曖昧なので、動物行動学者が科学論文で使うことはまずない。だが、普段の生活の中ではよく聞く言葉だ。その意味するところは、愛児のために動く母親の自己犠牲的な行動といったところだろう。本来は母親の行動を賞賛する意味だったと思われるが、あらゆる動物に普遍的な行動だという誤解が生まれ、その上に「遺伝的」に決まっているとの思い込みが付け加わった。そして、いつの間にか「母親の自然の姿」になり、さらには「母親はそうあるべきだ」という道徳観にまで膨らんでいる。

ここでは、いわゆる「母性本能」が、本当に遺伝子が支配している行動なのか、また「母性本能」

という言葉がなぜ誤解されてきたのかについて考えてみたい。

ハーロウの「代理母」実験

もし、母親による子育て行動が完全に遺伝子に支配されているのであれば、すべての母親は、何も教えてもらわなくても子育てのやりかたを知っているはずだ。その場合、母親と子供の絆《きずな》は「自然」に生じると考えてよいだろう。しかし、母親との絆の経験が次の世代の子育て行動に影響するのであれば、遺伝子だけの問題ではなくなる。絆という環境が次世代に「遺伝」するからだ。

この絆はメスの子育て能力にどのように影響し、メスの心（子育て願望）にどのように染み込んでいくのだろうか。この問題を考えるには、一九五〇〜六〇年代にアカゲザルを用いて行われた研究が参考になる。これは、最悪レベルの動物虐待にあたるという批判で有名になった実験でもある。

アカゲザルというのは、多くの医学研究や行動研究に用いられる動物で、血液型の Rh^{+} や Rh^{-} の Rh はこの動物の学名（*Rhesus macaques*）に由来している。二人の心理学者ハリー・ハーロウとマーガレット・ハーロウは、虐待、放置、戦争などによって生じる愛情欠如が、子供たちにどのような異常行動を引き起こすかを知ろうとした。そこから、子供たちを診断治療する方法が見つかるかもしれないと考えたのだ。それには結果を比較検討できるような実験が必要だが、ヒトの子供たちを対象に実験を行うわけにはいかない。そこで二人は、子ザルたちをいくつかのグループに分けて幼少期の環境を操作し、行動の発育状態を比較しようとしたのだ。

子ザルたちは生まれるとすぐに母親から離され、それぞれ異なる環境条件の檻《おり》で育てられた。一つの実験区として、オトナのサルと同じ大きさの筒型金網で作られた母親モデルと一緒に檻に入れられた子ザルがある。そのモデルには、乳首の位置に哺乳ビンが付けられていて、そのビンにはミルクが満たされている。檻は時々清掃されるが、清掃担当者が子ザルたちと接触することはないので、全くの孤独だ。他の子ザルたちのグループには、タオル地で覆われたもう一つの母親モデル（哺乳ビンは付いていない）が金網の母親モデルに並べて、与えられた（図4）。それぞれを金網モデル、布モデルと呼ぶことにしよう。

子ザルからオトナまでの成長過程で、他の子ザルたちを見せる、あるいは他の子ザルと触れ合う機会をつくる実験区も作られた。そして、社会行動の発達や、交尾をして自分の子を持つ能力、子を育てる能力などを調べるなど、様々な比較が行われた。

今の時代では当然と思われるだろうが、母親から離された子ザルたちは、正常な行動を示さなかった。新たな刺激（ブリキのシンバルを叩くサルのオモチャ）を檻に入れると、母親に育てられた子ザルたちにくらべ激しく怖がり、他の子ザルと触れ合うことも怖がり、他にもいろいろと社会不適応な行動を示したのだ。

しかし、布モデルを与えられた子ザルたちは、金網モデルだけを与えられた子ザルたちに比べて、多少はよい順応性を見せた。サルのオモチャに対して、金網モデルの子ザルが恐怖で錯乱状態になったのに対して、布モデルの子ザルたちは布モデルに走って逃げ、布にしがみつくという慰めを求めた(社会的行動を示した)のだ。

もっと重要な「母性本能」に関連する発見は、金網モデルで育てられても、布モデルで育てられても、メスザルは、オスザルとの交尾行動がうまくいかないことだった。メスザルたちは性行為の仕方、つまり、体位、合意の合図、反応などの仕方を知らなかったのだ。さらには、人工授精で妊娠しても、生まれた子を育てることができず、子ザルたちは深刻な健康問題が出る前に母親から離さなければ

図4●アカゲザル。子ザルを母親から隔離して一切の社会的接触を遮断する「代理母」実験の様子。子ザルが成長して妊娠可能な年齢になっても性行動を知らず、人工授精で出産しても子育ての方法がわからなかった。この実験は倫理的な問題が大きいとの批判が集まり、以後、類似の実験は禁止されている。デボラ・ブラム(2014)より。

ならなかった。これらの不適応は、子供の時の仲間やオトナたちとの接触経験がなかったことが原因だったのだ。

遺伝子効果と環境効果は分けられない

ハーロウの「代理母」実験の結果は、「遺伝的な母性本能」という概念を粉砕してしまった。本能に従って子育てしていると考えられていたアカゲザルは、子供のつくり方を自然に知っているわけではないし、ましてや子育てのやりかたなど、知りもしないのだ。母親が他に仲間のいない状態で育ってしまった場合、母と子の絆は断ち切られてしまう。つまり、「母性本能」と言われる行動でさえも、その環境に依存しているのだ。

行動生物学者たちは、後天的か先天的か、遺伝的か獲得的か、氏か育ちかという二分法をかなり前にやめている。その理由は簡単だ。遺伝子の効果と環境の効果を分けるのは不可能だからだ。遺伝子の働きで動物は行動形質を発現することは確かだが、動物は発育に伴って行動を変え、行動は動物の環境を変える。行動形質は、遺伝子と環境との複合作用の結果なのだ。

ヒトの言語を例に考えてみよう。「日本語を話す」という形質は遺伝的なものか環境によるのか、区別はできない。そこには両方の要素が不可分に含まれているからだ。イヌやネコに日本語を話すように教えることはできないし、ある種の遺伝的欠陥があればヒトであっても話すことを学習できない。つまり、日本語を話すという行動には明らかに遺伝的な基盤があることになる。しかし同時に、日本語を話すことが、私たちのゲノムの中に書き込まれているわけではない。

同じ遺伝子を持つ一卵性の双子が日本とイギリスで育てられた場合、二人は異なった言語を話すようになる。その土地の言語を話せるのは、生まれた後に獲得した形質だからだ。そして、日本語を話すという獲得形質は日本という環境の中で、代々伝わってゆく。英語を話す獲得形質も、イギリスの土地で代々伝わっていく。言語能力の遺伝とは遺伝子を介して伝わる部分と文化によって伝わる部分の相互作用のことなのだ。

このことに気づくと、多くの遺伝的と思える事柄に同様のメカニズムが内在していることが見えてくる。アスリートの子がアスリートに育つ可能性が高いのは、両親の遺伝子と両親がつくっている環境の複合効果なのだ。政治家の子が政治家に、科学者の子が科学者に、芸術家の子が芸術家になりやすいのも同じことだ。ある形質が遺伝的であるか獲得的であるかという議論は全くの不毛だと言える。「母性本能」も然り。遺伝子によってあらかじめ決められている行動だというのは、神話にすぎないのだ。

性の役割分化についての最も厄介な誤解のもとは「自然主義」と呼ばれるものだ。最も単純な「自然主義」は、自然現象をそのまま受け入れてヒトの行動規範とする考え方だ。そこから「ヒトがどうあるべきか」が規定されるという考え方だが、これが間違っているのは感染症流行、台風、地震といった自然災害を考えてみるとすぐにわかる。誰も自然災害に対して何もせずに耐えようとはしないからだ。

自然主義の誤謬《ごびゅう》

もう少し複雑で進化的な考えを取り入れた「自然主義」は食文化にもある。たとえば近年、肥満が社会問題化している。脂肪が体に蓄積されるのは、豊富な食糧事情が食欲を刺激し、脂肪や炭水化物を過剰に摂取したためだと説明しがちだ。しかし、それは生理学的な説明でしかない。進化の視点では、頻繁に飢餓を経験してきたヒトは、食べられる時に食べられるだけ食べて、脂肪を蓄積する体になっていると考える。過剰な脂肪を排泄《はいせつ》する機能などは進化する必要がなかったのだ。食に関する自然主義は、進化の視点による説明を受け入れる寛容さがあるので、我々のとるべき行動規範は食事量をコントロールすべきだという結論になる。しかし、性の役割分化の話になると、そうはいかないらしい。

男女の社会的政治的な平等を主張している自然科学者も社会科学者もフェミニストも、動物の行動を参照してヒトの行動を考えてしまう傾向がある。長い間、強い絆でペアが結ばれていると考えられてきた多くの鳥類で、ペア以外での交尾が普通に見られるという発見は、一般の人々だけでなく少なからぬ科学者にも大きなショックを与えた。我々は、一夫一妻であることについて改めて考えさせられただけでなく、心の奥底にある一夫一妻であることへの危うい気持ち、心許《こころもと》なさに気がついた。我々はこういった動物の行動を人間のルールによって判断し、同時に、「模範的な」動物たちを選んで人間の規範モデルとして見てきたのだ。

子育てはメスの特性か

最近の動物行動の研究によって、オスだけによる子育ての例や、メスが性的に積極的である例が、かなり普通にあることがわかってきた。二つだけ例を挙げる。

しばしば引用されるオスの乱暴な性行動として、ライオンの子殺しがある。ライオンは一頭のオス、複数のメスとその子供たちを擁する群れ（プライド）で生活している。群れを持たない若いオスライオンは、放浪しながらどこかのプライドを乗っ取ろうと隙を狙っている。オスは死に物狂いの闘争で放浪オスを追い払い続けるが、いつかは負ける日が来る。その時、老いたオスはプライドを追われ、新しいオスがプライドを支配するのだ。その時、追われたオスの子供たちは新しいオスに噛《か》み殺されてしまう。メスはおとなしくオスの行動を見守り、プライドに居残る。これは人間のモラルからかけ離れた行動だが、ライオンにとっては理にかなった行動なのだ。

対照的に、メスが子殺しをする動物も知られている。その好例がレンカクだ。「スイレンの葉の上を踏んで歩くツル」という意味の熱帯の水鳥だ。レンカクは一妻多夫の配偶システムを持っている。メスはスイレンが繁茂する湿地に広い縄ばりを持ち、オスたちは縄ばりの中でスイレンの上に巣を作る。メスが巣の中に産卵するとオスが抱卵して孵化《ふか》したヒナたちを守るのだ。メスは縄ばりに集まってくるオスの集団を確保するために他のメスたちと争う。ライオンの場合と対照的にオスは無力で、縄ばりメスの交代が起きると、メスによる子殺しが始まる。できるだけ早く自分の卵をオスに抱卵させるためだ。前のメスのヒナがいたのでは抱卵させられない。

こうした例を列挙することに我々の興味は尽きないが、オスが極悪非道なのか、メスのほうがそうなのか、という言い争いをしても結論は出ない。私たちが考えるイデオロギーやモラルを喚起するために動物を使えば、必ず失敗する運命にあるということだ。

エコフェミニズムの視点の危うさ

行動生態学の発見は、動物たちの性の役割分化が実に多様であること、そして二つの性とはどのようなものかを教えてくれた。多様性の発見は、我々がこれまで考えてきた男女関係の意味を変える力も秘めている。

すでに述べたように、自然科学者も社会科学者もフェミニストも動物一般の性の役割について偏見を持っていた。それがときおり性的役割に関する理解を妨げてきたのだ。

フェミニズムと自然研究をリンクさせようとする試みは、これまで何度も多くの人たちによってなされてきた。その中で最も新しい流れはエコフェミニズム運動だと思われる。自然界に対する人間の関わり方を変えることによって、男女間の不平等を終わらせることと、環境問題をドッキングさせて解決しようとする運動だ。主な論点は次の三種類だと思うが、いずれも自然主義の誤謬がその背景にありそうだ。

①女性は自然に対して親和的だとする主張。女性は、人間と自然との関連性を男性よりも深く認識できるという意味で、男女は生まれつき異なっている。問題は、女性の特質が、男性的な特質と比べ

て伝統的に劣等視されてきたことにあるとする。
②男社会がもたらした弊害という主張。環境破壊と女性の抑圧は同種の原因、つまり男性が自然を従属させ、女性を不当に差別する権力を持つような文化から生じていると考える。
③西洋科学に欠陥があるという主張。世界を理解する方法としての科学は、女性の特質である調和を犠牲にして支配や客観性を強調する反自然的なイデオロギーに基礎を置いていると考える。

しかし、自然界の動物行動を詳しく知ると、メスはオスより情け深く、優しく、自然を育む性であるという前提は怪しいことがわかる。女性が男性より劣っていないとしたら、逆に男性より優れているに違いないという考えも説得力がない。また、女性は調整能力に長けているという利点だけで地球を救えるという考えも甘すぎるのではないか。

男女平等というイデオロギーを前面に押し出して、動物の行動を都合よく参照するのはすぐに破綻してしまう議論だ。進化にはイデオロギーもモラルもないのだから。自然界はオスとメスが自分の繁殖成功を高めるために互いに協力し合うと同時に、相手を利用しようとする、食うか食われるかの世界でもある。どのような自然環境や社会的環境が、そして進化の歴史がオスメス関係の多様性を生み出したのかを理解しよう。そして、自分たちなりの理想的な社会のヴィジョンを描きたいものだ。

科学は男女関係の意味を変えるか

動物たちのリアルな配偶行動を科学的に知ることは、性とジェンダーの役割分化についての我々の固定観念を暴くことにつながる。

ジェンダーに関する役割分化は時代と共に変わってきた。古くは男が様々なリスクを冒し、女がリスクを回避することは適応的だっただろう。「オスは見境なし、メスは貞節」という偏見はこの社会環境から発生したのだ。しかし、文化が変化し、社会規範や評価が過去と変わってくるにつれ、役割分化の境界がしだいになくなってきた。パートナーの好みも変わってきた。最近は、男はパートナーに対して料理や家事の技能よりも、収入や知性などに、女は無鉄砲さや逞《たくま》しさよりも優しさや教養などに重きを置くようになってきた。「貞節」とか「姦淫《かんいん》」などの言葉も、ずいぶん古臭くなってきた。これは、ジェンダーの考え方に文化的な変化が起っている証拠だ。この変化はまだまだ時間をかけて進行中だ。

第8章 子育て生態の不思議

ヒトの赤ん坊は、生まれかたも特殊だし、育てられる方法もきわめて特殊だ。誕生前から母親をお産で苦しめ、生まれても自分では歩けず、自分で食べることもできない。遅い成長のためにいつまでも世話が焼ける。こんな動物は、他のヒト科のサルにも哺乳類にもいない。どうしてこんなことになったのだろう。ひ弱な赤ん坊を産み、自立するまで長い時間をかけて育てることに、どんな意味があるというのか。それを理解するには、他の動物の性生活や育児法をヒトと比較し、進化の観点で解釈するのが有効だろう。

進化の観点とは、ヒトの性生活や育児の特性が適応度を高める、つまり子孫の個体数が増えることにどうつながっているのかを考えることだ。ただし、数えるのは生まれた赤ん坊ではなく、オトナ（繁殖年齢）になるまで育った個体数にすべきだ。そうでなくては、孫、ひ孫へと数が増えるかどうかを考えることにならないからだ。何回も出産する場合は、より複雑な計算が必要になるが、ここでは単純にオトナになる数としておこう。そして、ヒトの子育ての特性がある程度遺伝的に決まっていることがわかれば、それが進化によって獲得した特性であると確信できる。

ヒトとチンパンジーのメスの体重は四〇キロくらいで大差ないが、母親に対する赤ん坊の体重比はヒトで約七%、チンパンジーでは約三%だ。オランウータンやゴリラでも二〜三%程度。ヒトはサルたちにくらべて大きな赤ん坊を産むのだ。と言っても、発育の進んだ赤ん坊を産むのではない。逆に未熟のまま生まれてくるのだ。

動物園でニホンザルの親子を見た人は多いだろう。子ザルは母親の背中に乗っているか、腹部にしがみついているが、母親が抱きかかえているわけではない。子ザルは生まれて数分後には腹部の毛をつかんでしがみつけるのだ。母親は子ザルが落下する心配などない様子で動き回っている。チンパンジーなども同様で、生まれたばかりの赤ん坊はすぐに母親にしがみついて、乳を飲むことができる。

いっぽう、未熟なまま生まれてくるヒトの赤ん坊は、神経系も筋肉も発達していないので、こんな芸当はとてもできない。親は赤ん坊を抱いて移動するほかないのだが、こんな大変な労働がどうしてヒトの繁栄に貢献したのだろうか。

化石から得られる証拠から、人類が大きな赤ん坊を産むようになったのは、三〇〇万年以上前だったことがわかっている。樹上生活から地上生活へと移行した時代だ。そのころから、授乳期の赤ん坊を抱くのは母親だけではなくなったようだ。両親と赤ん坊が連れ立って移動するとき、父親も交代で赤ん坊を抱いていた可能性が高いのだ。

小児期の長さも例外的

ヒトの赤ん坊の場合、サルにくらべて授乳期間は短く、約二年で離乳する。チンパンジーは約五年、ゴリラは約四年、オランウータンは約七年だ。離乳後から性的に成熟するまでを「小児期」と呼ぶことにしよう。

ヒト以外では離乳は自立を意味する。たとえば野生のチンパンジーでは、離乳した子ザルはすぐに親から相手にされなくなり、自分で食物を探さなければならない。ところが、ヒトでは離乳したことが自立の証しではない。離乳後は、母乳から栄養を得ることはなくなるが、それでも食物の多くは母親に依存している。

ヒト以外では、離乳後まもなく繁殖に参加する。チンパンジーやゴリラの初産年齢は七歳、オランウータンでも八歳ごろだ。妊娠期間（チンパンジー二三〇日、ゴリラ二五〇日、オランウータン二六〇日）を差し引くと、小児期はないようなものだ。

ヒトの初潮は一二歳頃に見られるので、その頃が性的に成熟に達した時期だと考えると、小児期は一〇年もの長さになる。ところが最初の子を産む年齢（初産年齢）はさらに遅くなる。日本では三〇歳、世界平均では一九歳だ。性的には成熟しているにもかかわらず、子を産まない期間は実に一〇年以上。この時期を小児期と呼ぶのがふさわしいのかわからないが、とりあえず「思春期」と名づけておこう。人口統計学的には子供を産まない小児期と同じだが、もっと重要な意味がありそうに思える。

ここまでの話を要約すると、ヒトの繁殖の特性の一つは離乳の時期が早いこと、もう一つは小児期が長いことだ。小児期の長さは、明らかに増殖には不利な要素だが、離乳の早さはその不利を挽回できるくらい有利な特性なのかもしれない。離乳が早いということは、ヒトの母親が短い周期で子を産めることを意味している。子を産んでから次の子を産むまでの間隔のことを「出産間隔」というが、ヒトでは平均三年だ。年子を産むことも珍しくない。それに対してチンパンジーは五年、ゴリラは四年、オランウータンでは九年にもなる。

だが、これだけでは、ヒトが他の霊長類よりも個体数を増やし、今日の繁栄を遂げた理由はわからない。ヒトの長い小児期には何か重要な意味があるに違いない。

なぜヒトにだけ長い小児期があるのか、人類学者、社会学者、生態学者など多くの研究者が説明を試みてきた。議論百出だが、やや乱暴に分類すると「教育仮説」と「共同繁殖仮説」のどちらかに該当しそうだ。ただし、二つの仮説は相反するものではない。

教育仮説

人類学者がヒトの特性を説明しようとするとき、別の特異な性質との相関を利用して説明することが多い。複雑な情報を伝達する能力が発達した原因は、複雑な社会構造が原因であると説明する。道具を使ったり作ったりする能力は大きくなった脳の働きによるという具合だ。同じように、小児期が長い理由は、狩猟や農耕に必要な技術や道具づくりを覚えるために、長い時間が必要になったという説明が可能だろう。子供たちは遊びの中でオトナの仕事の真似をするが、そういう訓練の時期が必要だと言われれば、わかったような気になる。だが、議論のポイントは、そういう技術はほんとうに幼児期でなければ覚えられないのか、オトナになってから覚えたのでは遅すぎるのかという点だ。人類学者は、現代の狩猟採集民の協力を借りて、狩猟技術や果実、芋などの採集技術が幼児期でなければ獲得できないのかを調べている。その結果、オトナになってからの訓練でも十分な技術習得ができることがわかってきた。教育仮説を支持するには証拠不十分という結論が妥当のようだ。

ただし、すべての技能習得が年齢と無関係というわけではない。たとえば、音声に関する能力取得は、明らかに年齢依存だ。バイリンガルの能力は幼児期にどのような環境で生活したかによる。楽器演奏やアスリートの能力も幼児期の経験が重要だ。すべての技能の獲得に年齢は関係ないというわけではなさそうだが、生存能力にまで影響するとも思えない。

小児期に習得すべき技術は、食糧確保の能力ではなく、社会性なのかもしれない。どんなに小さな社会集団であっても、駆け引きやいじめが存在することを考えると、教育仮説には説得力を感じる。しかし、子供たちは歩けるようになった頃には、すでにもめ事を子どもたちだけで解決できるようになっているものだ。集団の一員としてうまくやっていくために、それほど長い時間をかけて訓練する必要があるのだろうか。このように考えると、この社会性学習仮説も、いまひとつ証拠不十分のように思える。

共同繁殖仮説

小児期が延長したのは子供自身の成長のためではなく、親のためだったという可能性はどうだろう。小児期は、子供が親に大切にされながら成長するための時期というより、両親と子供が共同で家族を支えるという観点から考えたほうがよいかもしれない。

多くの国で、子どもたちに作物栽培、家畜の世話、弟や妹の世話など、いろいろな仕事を担当させている。つまり、「ヘルパー」として働いているのだ。その代償として、子どもたちは衣食住などの報酬を受け取ることができる。両親と子供たちの相互依存のために幼児期が長くなったという仮説だ。

実は、「ヘルパー」は一九世紀後半ごろから鳥類の繁殖行動で見つかっていた。自分では繁殖せずに、他の巣の繁殖を手伝う個体のことを言う。当時は何のために手伝っているのかがよくわからなかったが、その後の研究で、ヘルパーは親の子育てを手伝っていることが多いことがわかってきた。両親を助けることによって、自分も遺伝的利益を獲得していると考えられるようになったのだ。そのため、近年は「共同繁殖」という語も使われるようになってきた。

このアイデアの優れたところは、子は親のコントロール下にあると垂直的に考えるのではなく、家族には親と子の関係がゲーム的に成立していると想定することだ。親は家族のために子を働かせようとするので、なかには酷使する親がいるかもしれない。いっぽう、子は思春期を親といっしょに過ごすが、来るべき自立の時期は自分の都合で決めたがる。結果、子別れの時期は親との相談（駆け引き）で決まるという発想になる。

動物たちの共同繁殖

ほとんどの無脊椎動物、爬虫類、両生類、魚類の母親は卵を産む。無造作に産むわけではなく生存に必要なだけの栄養分を卵に供給し、安全な場所に産卵するのだが、子のための繁殖努力はだいたいそこまでだ。

鳥類や哺乳類はもう少し多く育児に携わる。鳥は卵を温め、孵化《ふか》した雛《ひな》に食物を与えて世話をする。ツバメのように、巣にいる雛に両親がせっせと餌を運んで与える種もあれば、ニワトリのように、親が雛を連れ歩いて食物の捕り方を教える種もいる。哺乳類は母乳を赤ん坊に与える動物なので、母親による世話は必須だ。鳥類でも哺乳類でも、父親が育児を分担することもあれば、母親だけで育児することもある。

鳥類と哺乳類の一部はさらに進んだ育児のやり方をする。両親以外の個体も育児に参加するのだ。もちろん、共同繁殖のシステムは種によって多様だが、ごく一般的な特徴を知ってもらえるように、ミーアキャットの例を紹介しよう。

ミーアキャットはアフリカ南部のカラハリ砂漠などに棲息し、三〇匹ほどの集団で生活している。砂漠の環境はきわめて厳しくて、タカやヘビなどの天敵が多い。そのために複雑なトンネルをつくって生活している。食糧事情も厳しく、特に乾季はバッタやサソリなどの食物を見つけるのも困難になる。そういう環境の中で進化したシステムが共同繁殖だ。集団の中で、子供を産むのは優位オスとペアになった優位メス一個体だけ。その他の個体は、獲物の昆虫を捕まえる、捕食者から集団を守るなど、優位メスの子の保護にあたる。

実は、ヘルパーたちは、すでに繁殖能力を持つまでに成長した優位ペアの子供たちだ。カラハリ砂漠の環境は、若い子供たちが新たにトンネルを掘って独自の集団をつくるには厳しすぎる。利用可能な場所が不足しているために、兄や姉が独立できずに親元に帰ってきて、弟や妹の育児を助けているような状況なのだ。ミーアキャットに小児期はないが、思春期はあると言えるのかもしれない。

ミーアキャットとヒトの共同繁殖には重要な違いがいくつかある。その一つはミーアキャットのヘルパーたちが繁殖を行わないことだ。鳥類で見つかった共同繁殖でもほぼ同様である。いっぽう、ヒトの場合は、きょうだい（兄弟姉妹）やいとこの家族が集団の中で同時に子育てすることが可能だ。兄姉だけでなく、祖父母、おじ、おば、いとこ、時には他人も共同繁殖に参加できる。つまり、ほぼ全員が親としてもヘルパーとしても働くのだ。

ミーアキャット。20～50個体の近親個体が共同生活する。メンバー構成はボスのオスとメスとその子たち、それに兄や姉にあたる個体が集団に参加している。兄や姉はヘルパーとして親の繁殖を助けているので、ヒトの親戚が共同生活をしているのと同じように見えるが、ミーアキャットではヘルバーが自分の子を持つことは許されない。

家族以外が子育てを助ける社会

ヒトの赤ん坊はとても世話がやける。出産時には、母子ともに命の危険にさらされるため、祖母や叔母の助けが必要だ。家事を兄や姉が手伝ってくれるとはいえ、出産間隔が短いうえに小児期がとても長く、母親は難儀する。乳飲み子を抱えているうえに、数人の幼児の世話をしなければならなくなる。この状況を助けるのは、父親しかいないと考えがちだが、ヒトの場合は必ずしも父親でなくても可能だった。

父親たちは子供を抱いたり世話をしたりしない場合でも、家族に食料をもたらす働き手であることが多い。だが父親は争いや事故で死ぬ可能性がある。狩りや漁に出かけて何日も帰らないかもしれない。現代社会では単身赴任などがこれに当たる。そんなときであっても、共同繁殖集団の中では乳児を抱えた母親は祖母やきょうだいから食べ物を分けてもらえるかもしれない。乳児の間は母親でないと育てられないが、離乳後ならば他の人がこどもを食べさせてくれるかもしれない。そのような共同繁殖のかたちが長い幼児期のわりに短い授乳期間が進化した理由のようだ。

だが、母親以外のだれもが同じように子育てに当たっていたわけではない。父親以外で、主に育児を手伝うように進化したのは母方の祖母だと考えられている。ヒトが集団で生活するようになると、祖母は、自分の娘が若い母親になったときには、必要に応じて手伝うことができたはずだ。祖母は生殖年齢を過ぎた後も共同繁殖のメンバーとして働くことで、子孫の数を増やすことに貢献できたのだ。ヒトにだけ「閉経」という奇妙な特性が存在するのは、共同繁殖に原因があったと言えるだろう。これが「おばあちゃん仮説」と言われるものだが、祖母たちの活躍のおかげで、ヒトは短い出産間隔を維持して繁栄できたということになる。この仮説が示唆するのは、育児を手伝うのは父方ではなく、おもに母方の祖母であることだ。子供の世話に費やした労力が進化上の利益につながるのは、孫が自分の遺伝子を受け継いでいる場合に限られる。母方の祖母にとって孫は確実に自分の遺伝子を受け継ぐ存在であるが、父方の祖母は自分と孫の遺伝的関係に確証が持てないことが、母方の祖母の役割を大きくしたと考えられる。もちろん、遺伝の問題だけではなく、母親が実母からの助けを期待するからでもある。長い時間を共に過ごした実母には自分の感情や希望を正直に訴えることができるし、無言でも気持ちが伝わりやすいのだ。

現代社会は、個人主義とプライバシーの尊重という考えから、核家族化が進み、おばあちゃん仮説が機能しにくい環境になってきた。親が孤立していて、周囲からのサポートが見込めない状況が増えている。解決策の一つは保育所をつくることだが、そこに共同繁殖のシステムを意識することは有効ではなかろうか。

第Ⅲ部　ヒトと自然の共生

第9章……科学的生物分類が保全を妨げる？

我々ヒトは、自分の周囲に存在するモノを、生物も非生物も含めて、ごく自然に分類している。我々だけではない。おそらく、あらゆる生物が分類という作業を行っている。生きながらえるには、自分と同種なのか異種なのか、同性か異性か、敵か味方か、食えるか食えないか、危険か安全か、などを区別することが必要なのだ。このような生活の必要性から生まれた分類は「自然分類」（あるいは「民族分類」、「直感分類」）と呼ばれる。そして、分類対象には必ず名前がつく。集団で情報を共有するためには、全員が理解できる共通の名前が必要なのだ。

想像しにくいかもしれないが、動物たちが体色や音声、匂いなどで分類情報の交換をしていることは確かだ。集団で生活する小鳥たちは、鳴き声を使って、襲来した天敵の種類を互いに教え合っている。それどころか、細胞レベルでも情報交換のメカニズムが知られている。免疫機能を担う白血球とリンパ球は病原菌のタイプに関する記憶情報をやりとりして、外敵との戦いを展開する。文字こそ使っていないが、その機能は我々の使う言葉と同じと言ってよい。

このような、あらゆる動物に共通する知覚世界に気づいたのはドイツの生物哲学者ヤーコプ・フォン・ユクスキュルだった。彼は皆が同じ感覚で捉えられる世界を「環世界」と呼んだ。同じ環世界を共有する集団の中では、同じ生物に一つの名前が使われるようになる。そうすることで、狩猟・採集生活をしてきたヒトの集団生活は格段に便利になったはずだ。しかし、現代は生物名が互いに通じにくくなっている。理由は明らかで、生物名は専門家に聞けば済むし、それほど知らなくても、生活に困らなくなったからだ。さらに、誰でもできていたはずの生物分類が、次第に専門知識を要する科学的分類に置き換わりつつあることも関係している。

リンネ以前の「自然分類」

分類学の父と呼ばれるカール・リンネが登場するはるか前、狩猟・採集生活をする人々が生活圏内で見かける動物や植物はきわめて理解しやすいものだった。人々は限られた地域に暮らしているので、目にする生物の種類もごく限られていたからだ。

我々が空で言える動物名は五〇〇種くらいと言われている。古代ギリシャ時代に、アリストテレスは『動物誌』の中で約五〇〇種の動物を記録しているし、同時代のテオプラストスは五五〇種の植物を『植物誌』に記載している。どうやら、五〇〇種という数は、ヒトの進化の途上で、必要かつ十分な記憶容量として定まったらしい。

ところが、一六世紀頃から、ヨーロッパでは分類すべき新しい生物が急速に増え出した。帆船が世界中を探検し、新たに見つけた天然資源を本国に持ち帰ろうと争ったからだ。博物学者たちも帆船に乗り込んで、それまで見たことのない動植物を、本国に大量に持ち帰った。そのため、生物に興味を持つ人間は増え続け、博物学ブームが巻き起こることになる。

博物学者たちは新しい生物が次々に見つかることに興奮し、どんどん新しい名前をつけていったが、数が増えるにつれて、生物分類はますます難しくなり、混乱も引き起こした。原因の一つは、同じ生物にいくつもの違う名前がつけられたことだ。とくに、国が違うと言語が異なることもあって、異なる図鑑を使う外国の研究者との情報共有ができなくなってしまったのだ。

天才リンネの分類体系

一八世紀に活躍したリンネの業績は『自然の体系』と呼ばれる、わずか一四ページの冊子にすべての生物を詰め込んで、生物界全体を見事に分類して見せたことにある。その分類の道具は、二つのラテン名からなる「二名法」と〈界〉から〈門・綱・目・科・属・種〉の「階層分類」だった。

それまで「二名法」に近いアイデアがなかったわけではない。たとえば、魚の種名を漢字で書くと、鯖、鮭、鰹、鰯など、偏と旁《つくり》による構造になっているし、蝶、蚊、蝿、蛙などもそうだ。つまり、異なる文化圏でも二つの階層名の組み合わせで表記するのは一般的だったと考えられる。リンネ「二名法」の優れた特徴は、属名と種小名を組み合わせて種名としたことだ。さらに、世界共通の語としてラテン語（ギリシャ語も可）を厳格に使用するよう、文法ルールまで決めたことも功績だった。

リンネは、二名法と階層分類を武器に、海外から持ち込まれる新しい生物を次々に分類していった。彼は、初めて見た生物が、分類体系のどの位置に属するのかを、たちどころに言い当てることができたのだ。『自然の体系』は改訂を重ね、最終的には七七〇〇種の植物と四四〇〇種の動物が命名された。この天才的な「環世界センス」によってリンネは時代の寵児《ちょうじ》となり、『自然の体系』は数世紀にわたって世界標準の分類体系となった。

しかし、リンネの分類体系は科学的なものではなかった。彼は完全に感覚的で、自分の五感を研ぎ澄ませて生物を理解したのだ。彼は種を定義しなかっただけでなく、分類の根拠を説明することもなかった。それにもかかわらず、リンネの分類体系は国際的に認められていった。そのわけは、誰もがそれぞれの「環世界センス」と矛盾しない、完璧な分類だと納得したからだ。リンネは「自分の分類能力は神によって与えられた。それは神が創られた無数の生物を人々に理解させるためのものだ」と豪語していた。リンネ没後も、彼に影響を受けたチャールズ・ダーウィンやアルフレッド・ウォーレスなどの博物学者たちは、さらに生物を求めて世界に出ていった。彼らが発見した生物たちは、ついにリンネが描いた自然の秩序には収まりきれなくなり、リンネの世界観を破壊し始めた。

進化論が導いた「系統分類」

ダーウィンはビーグル号の航海中に収集した膨大な標本を、自らの手で分類や命名をしたわけではない。一九世紀は、すでに、ひとりの人間がすべての生物の分類を手がける時代ではなくなっていた。ダーウィンは博物館や大学にできあがっていた専門家のネットワークに分類を任せていた。メンバーにはそれぞれ専門があり、鳥類、哺乳類など、限られたグループの生物を研究していた。進化論のアイデアを導いたガラパゴスフィンチ類は、当時の代表的な鳥類学者ジョン・グールドがリンネ体系のもとに同定したものだ。

しかし、ダーウィンは思考を重ねるうち、リンネ体系には科学的根拠がないと考えるようになった。全く異なる生物が一つの分類群に整理されていることがあったからだ。たとえばクジラは魚類、フジツボはカサガイに似た蠕虫《ぜんちゅう》類として整理されていた（現代の分類体系では、クジラは哺乳類、フジツボは甲殻類、カサガイは軟体類）。

ダーウィンは、分類学は姿や生活様式の似た種を単純に属や科にまとめるのではなく、適応進化によって最近分かれた種を近くに置いた「系統樹」の形に整理し直すべきであるとしたのだ。この分類体系は、「自然分類」に対して「系統分類」と呼ばれている。以後、この流れに、「進化分類」、「数量分類」、「分子分類」、「分岐分類」などが合流して、議論が活発化し、二〇世紀には「自然分類」は急速に勢力を失っていった。ただし、「系統分類」の登場によって、生物分類の曖昧さが解消されたわけではない。「系統分類」は理論としては新鮮だったが、視点が変わっただけで、実用面での進歩はリンネ体系からほとんどなかったと言える。

種は定義できるか

「自然分類」をふたたび盛り立てようとしたエルンスト・マイアは、種の問題（種は定義できるか論争）に決着をつけることが重要だと考えた。そして、次のような妙案を思いついた。

同じ種に属する生物集団がなんらかの理由で二群に隔離され、群間の個体どうしが交配・生殖できなくなれば、その二つの群は別々の進化の道をたどり、やがて別々の種になる。したがって「互いに交配して健全な子を産むことができる個体の集合は単独の種である。交配の可能性がない、あるいは仮に交配しても子ができなければ、異種である」とした。この定義は、「生物学的種の概念」と呼ばれる。学校の授業で教わった「種」の定義は、このマイアによる定義だったはずだ。このような考え方は「進化分類」と呼ばれている。

マイアの定義は、直感的にわかりやすい。たとえば、ウマは単独の種である。なぜなら、交配できる相手はウマに限られ、イヌやネコ、カラスとは交配しないからだ。ロバとは人工的に交配可能だが、生まれた子（ラバ）に繁殖能力がない。このような場合は、ウマとロバは別種だが、両種が分岐したのは比較的最近のことだと判断できる。素晴らしいアイデアではないか。これで混乱は解消され、進化と「自然分類」を融合した新たな秩序が生まれると思いきや、そうはならなかった。いくつかの難問が浮上したからだ。

一つは、広範囲に分布する種の問題だ。たとえば、トラはアジア大陸の寒帯から亜熱帯、熱帯に分布しており、地域の環境に適応した体の大きさや体毛の長さを持っている。ベンガルトラ、アムールトラ、スマトラトラなど九亜種に分類されているが、これらは本当に同じ種だろうか。マイアの定義を用いるのであれば、互いに交配できるかどうかを野外の条件で調べる必要がある。しかし、これはほぼ不可能な実験だ。

もっと大きな問題がある。それは、多くの生物は有性生殖をしないということだ。バクテリア、一部のトカゲ、栄養繁殖する植物などは自分と同じコピーを生産する。これらの生物にはマイアの定義は使えないのだ。

高精度化する分析技術

ダーウィンによる進化の発見は、分類学に科学的根拠を与え、それを大いに進歩させるはずだった。しかし、それから一世紀を経ても「自然分類」と「系統分類」は衝突し続けた。進化の要素を取り込んで「自然分類」を再興しようとしたマイアの「進化分類」は矛盾を露呈した。

「数量分類」は多くの形質を使うことで、見えにくい種間の類似性を見つけて種の分類に役立ち、「分子分類」は全く姿の異なる生物（たとえば動物と植物と細菌）の系統関係を知るのに役に立ったが、リンネ体系が大きく変わることはなかった。「分岐分類」は、あらゆる形質を利用するのではなく、最近進化した派生形質を共有しているかどうかに注目する分類法を提案した。理論的に単純な、最も優れた方法だが、その結果はあまりにも「環世界センス」との乖離《かいり》が大きかった。鳥類は恐竜になり、蝶と蛾《が》の区別はなくなり、魚類は無用の分類群になってしまうのだ。しかし、よく考えるともっともな話ではある。鳥類の祖先は恐竜であるし、魚類の仲間が陸上に進出して哺乳類や両生類になり、その一部がまた海に帰って魚に戻ったのだから、いわゆる魚類の中に多くの分類群が混在してしまうのだ。

しかし、「分岐分類」は生物科学にとってきわめて重要な情報をもたらしてくれる。特に医療分野では有用で、たとえば、新型コロナウィルスの系統を中国型、アメリカ型、東京型などに分類できるのは、「分岐分類」のおかげだ。また、病原体に有効なワクチン開発を示唆してくれるのも「分岐分類」の威力である。

しかし、気になる現象が起き始めた。細胞からＤＮＡやＲＮＡの断片の持つ情報を読むには、巨額の資金を使える研究室に所属し、最先端のＰＣＲ分析装置を持つことが必須だ。そのため、部外者には理解できない知識と解析技術を持つ研究者にしかできなくなった。結果、一般市民は生物分類に関わる議論に出る幕はないと感じるようになってしまったのではないか。

「魚類」は無用と言われても、我々には実感がわかない。現に魚は存在するではないか。人類は数百万年の時間をかけて、生物を区別し、名前をつけ、分類するという記憶術を進化させてきた。それが「環世界センス」の力なのだが、たかが二〇〇年の科学的検討で、その世界観が変わるはずがない。「自然分類」のほうがはるかに実用的でわかりやすいのだ。

種の保全にはどちらを拠り所にすべきか

生物多様性の保全のための法的根拠は「絶滅のおそれのある野生動植物の種の保存に関する法律」(種の保存法) であるが、中心的概念であるはずの「種」を定義していない不思議な法律である。同様に、希少種を保護法の対象とするには、その種が他からはっきり (できれば一瞥《いちべつ》で) 区別できないと困る。違法な採集を禁止するにも、保護すべき生息地を指定するにも、あるいは海外から持ち込まれる動植物の検疫を行うにも、種を間違いなく同定できる必要がある。しかも、使えるのはほぼ「自然分類」に限られる。

実は、目に見える動植物についてならば、「自然分類」でもほとんど間違いを起こすことはない。

未開の地を訪れた系統分類学者が民族分類との一致に驚いたというのはよく聞く話だ。普段から自然に接していれば、子供でも簡単に生物分類はできるようになる。だが近年は、分類が得意なのは、バードウォッチャー、蝶マニア、野草愛好家、釣り人などに限られるようになってしまった。生物多様性の保全を計画するには、日本全国のスケールで自然の変化を捉える必要があるが、それには、「環世界センス」を大衆的に呼び戻す工夫が必要だろう。

我々が生物の名前を知ろうとすると、植物図鑑、動物図鑑などにお世話になる。実は、どんな図鑑も生物の形態で分類できることを前提につくられている。生物図鑑によって自然界の生物の名前は集団に共有される。分類同定のできる人材が全国に広がっていれば、絶滅危惧種の個体数減少や回復に関する情報が集約できるはずだ。

環境省は生物多様性基礎調査と銘打ち、ほぼ一〇年に一回のペースで野生生物の分布調査を行ってきた。対象は目視で同定できる動植物のほぼすべてだ。定期的に行われる総合調査は、野生生物のレッドデータリスト作成と保全対象の絞りこみに必須だ。しかし、この調査自体に危機が迫っている。その理由ははっきりしている。一つは、収益性の見えない調査に予算がつきにくいこと。もう一つは、学校教師などのボランティア研究者の同定能力に依存していること、しかも、その人材が減少しつつあることだ。生物多様性の現状調査には一〇〇年後、二〇〇年後を見越した、十分な予算の確保、人材育成、さらに行政による調査の制度化が必要だ。

第10章　好かれる外来種、嫌われる外来種

リオデジャネイロで一九九二年に締結された生物多様性条約第8条では、「生態系、生息地もしくは種を脅かす外来種の導入を防止し、又は、そのような外来種を制御し、もしくは撲滅すること」とされている。その履行を支援する目的でIUCN（国際自然保護連合）は「外来種によって引き起こされる生物多様性減少防止のためのIUCNガイドライン」を採択している。

たしかに、我々のまわりは外来種だらけだ。最近のニュースを騒がせている種だけでも、アライグマ、マングース、ヌートリア、ガビチョウ、カミツキガメ、グリーンアノール、オオヒキガエル、オオクチバス、ブルーギル、ヒアリ、アルゼンチンアリ、ツマアカスズメバチ、セアカゴケグモ、ボタンウキクサなど枚挙にいとまがない。しかし、種の生態と進化の歴史を理解すると、外来種とは我々の勝手な都合による区別にすぎないことがわかる。

あらゆる生物は移動する

生物は元の種から分岐することで、新たな種として出発する。独立の種として始まった種は、数万年で絶滅するかもしれないし、数千万年も続くかもしれない。化石の証拠からわかることは、誕生した種はほぼすべて（九九％以上）、ある時期には繁栄するものの、やがて絶滅してしまうことだ。そして、種の平均寿命は約二〇〇万年と推定されている。ちなみに、ホモ・サピエンスの歴史はわずか四〇万年に過ぎない。

種の繁栄とは個体数が増加することだが、それに伴って生息域も、種が誕生した特定の場所（原産地）から広がり、かつ変化してゆく。もちろん個体数が増加する時期と減少する時期は交互にやってくるので、種の生息域は、広くなったり、狭くなったりする。それどころか、生息域は地続きになったり飛び地に分かれたりする。ある時間断面で見た生息域には、その種の原産地が含まれないこともしばしばだ。そのような生息域の動的な変化によって、現存の種は絶滅を回避してきたのだ。

生物がなぜ今の場所にいるのか、かつていた場所になぜ今いないのかは、この二〇〇年、生物地理学者の謎だった。答えがわかり始めたのは、アルフレート・ウェーゲナーの大陸移動説が広く受け入れられた二〇世紀後半からのことだ。

種の誕生の地は現在の地理分布からはわかりにくい

ウマを例に考えてみよう。ウマは五〇〇〇年ほど前にヨーロッパ人がアメリカを侵略する際に持ち込んだと長い間思われていたが、それは間違いだった。ビーグル号航海中にチャールズ・ダーウィンがパタゴニアでウマの化石を見つけて驚いたという記述が『種の起源』(一八七二年)にある。その後、ウマの化石は南北のアメリカ大陸で多数発見されている。ウマはユーラシア大陸ではなく、五〇〇〇万年前に北米大陸で誕生していたのだ。北米大陸で誕生したウマは、南北アメリカ大陸が陸続きになると、南米へと分布を拡大し、ベーリング海峡が陸続きになるとユーラシア大陸に広がり、多様な環境に適応していった。しかし、原産地の南北アメリカ大陸からは八〇〇〇年前に絶滅していたのだ。

同じように生息域を変化させてきたのが、我々ホモ・サピエンスだ。アフリカで約四〇万年前に誕生したホモ・サピエンスは、約一二万年前から中東へ、ヨーロッパへ、アジアへ、南北アメリカへと、地球上のあらゆる陸地に生息地を広げてきた。その間、大型動物を絶滅に追い込み、各地域の生物多様性にとっては、最恐の種となったのだ。

多くの生物は、個体数の増減を繰り返し、生息域を変化させてきた歴史を抱えている。本来の意味では、原産地で継続している集団を在来種と呼び、外部から移入してきた集団を外来種と呼ぶべきだろう。しかし、原産地や生息域の変遷が推定できるのは、ごく少数の種だけだ。原産地に居残っている生物だけを在来種とする定義は役に立たない。ほとんどすべての種が外来種になってしまうからだ。たとえば日本の野生生物は有史以前に大陸から移動してきた種がほとんどだ。それどころか、日本人そのものがアジア大陸、朝鮮半島、ロシア、太平洋諸島などからの外来種である。生物多様性の減少を防止する目的で、外来種を危険視しようとするのであれば、その定義は、もっと実用的なものに変更する必要がある。

どのくらい昔からいれば在来種なのか

原産地がほとんどわからないのであれば、昔からいる種が在来種、ある時期以降に移入してきた種を外来種と呼ぶことにしてはどうだろう。問題は、「ある時期」をどう決めるかである。一案として、外来種が押し寄せて急増した時代と比較的安定が続いた時期で判断することが考えられる。

日本の貝塚遺跡から発掘される農作物を調べると、大陸や朝鮮半島からの影響をまだ受けていない縄文遺跡から見つかる作物と、弥生遺跡から見つかる作物の種類に違いがあることがわかる。古い縄文遺跡から、アズキやヒエ、クリなどが発掘されることから、これらは日本独自の農作物だったことがわかる。一方、弥生遺跡からは、東アジア（朝鮮や中国）が起源だと思われるイネ、ソバ、ナシ、ウメ、モモ、スモモ、チョウセンニンジンなどが発掘されている。大陸から伝来した農作物に付随して多くの雑草が持ち込まれたことだろう。動物に関しても同様で、作物や雑草を食べる昆虫類やスズメ、ネズミ、家畜としてネコ、ウマなどが入ってきた。その後、江戸時代までに伝わった外来種の渡来速度はそれほど大きくはないので、外来種が集中したのは弥生時代と考えてよいだろう。これらの生物は、侵入初期には自然環境に混乱をもたらしたかもしれないが、一〇〇〇年以上をかけて日本の環境に馴染《なじ》んできた。今さら警戒する必要はないだろう。ところが、明治以降になると東アジアにかわって、ヨーロッパや南北アメリカ、アフリカからの外来種が急増してきた。新たな外来種には生態系に混乱をもたらすものがいるかもしれない。

日本の「外来生物法」では、近年になって海外から入った種を外来種と呼ぶことになっている。はっきり明示されてはいないが、明治（一九世紀末）以降に入った種を想定しているようだ。鎖国が解かれて、海外から生物が大量に入り始めたことが一因だが、明治以後の渡来かどうかを判断する根拠として、江戸時代に編纂《へんさん》された本草学書や諸国物産帳、浮世絵などが役に立つからだ。

要するに、外来種と在来種を区別する境界は国の外交史によって判断されているということになる。海外における外来種の定義をくらべてみると面白い違いがわかる。たとえば、アメリカ合衆国ではコロンブスのアメリカ大陸到達（一四九二年）を目安にしているようだし、歴史を誇るイギリスでは境界をローマ時代とするのか、ノルマン侵入の後とするのかはっきりしない。中国では、外来種を問題にして騒ぎ出したのは二〇世紀末のことだ。

ミシシッピアカミミガメとアメリカザリガニ。両種はともに都市近郊の池やため池、湿地などに蔓延し、身近な生き物となっているが、淡水域の動植物に被害をあたえ、生態系に深刻な影響をおよぼしている。運搬や導入の禁止、飼育の規制、捕獲駆除など、特定外来生物としての個体数制御をかけてもよさそうだが、まだその指定に至っていない。すでに一般家庭で大量に飼育されているため、特定外来生物に指定すると、大量に野外に遺棄される弊害が想定されるのだ。環境省は特定外来生物ごとに一部の規制を適用外とする、たとえば「飼育は認めるが、遺棄は禁止する」といった改定を検討している。

問題を起こしているのは外来種の一部だけ

外来種は、意図的に作物として、観葉植物として、あるいはペットとして海外から持ち込まれる。それだけではない、物流や、観葉植物の水滴、作物の種子などに紛れ込んで、非意図的に持ち込まれることがある。さらに、気候変動の影響で生物が分布拡大していることも外来種が増える原因になっている。新たに入ってくる種を数え上げることは到底できないが、毎年数千種が日本列島に入ってくることは想像に難くない。

そのうち、どのくらいの割合で野外に逃げ出し（逸出率）、どのくらいが世代を繰り返し（定着率）、さらに、環境や経済に問題を起こしている（侵略率）のだろうか。イギリスの生態学者たちによって、外来種の定着割合に関する経験則「一〇分の一ルール」が発見されている。仮に一〇〇〇種の外来種が入った場合、ほとんどは人工環境（室内や農地）の中でだけ生存しているが、一〇分の一にあたる一〇〇種は逸出するという。しかし、そのほとんどは数年のうちに消滅し、野外で定着できるのは一〇種に過ぎない。他の生物や環境に侵略的な脅威を与える外来種はさらにその一〇分の一になるという経験則である。つまり、人命や経済にとって警戒すべき外来種は一〇〇〇種に一種に過ぎないことになる。

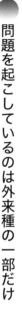

この経験則があてはまるのはイギリスでは被子植物、オーストラリアの牧草、アメリカでは淡水魚、昆虫、草本植物、陸貝、脊椎動物など多岐にわたっていた。いっぽうで、当てはまらなかった生物群もある。ハワイに持ち込まれた鳥類、島嶼《とうしょ》に持ち込まれた哺乳類は定着率が高く、有害生物として認識される割合も大きかった。以上はイギリスでの調査の結果だが、日本でも同じようなものだろう。このような統計からわかることは、大陸に入った外来種では「一〇分の一法則」が成り立ちやすいが、島や湖沼のような閉鎖空間に導入された外来種はもっと定着率が高いことだ。証明できているわけではないが、もう少し、その理由を考えてみよう。

競争排除則は撹乱《かくらん》中の生態系では働かない

生物群集の基本的な考え方は、ニッチ理論と呼ばれるもので、複数の種が安定して共生するためには、種はそれぞれ異なるやり方で資源を利用しなければならない。種ごとの資源利用法をニッチという。ニッチの異なる在来種と外来種とは共生できるが、同じニッチの外来種が定着するには、在来種を排除しなければならないという理屈だ。これを競争排除則という。しかし、このような競争排除の現象は実験的には見られるが、野外ではほとんど観察されていない。

イメージしやすいように、植物の侵入を考えよう。生態遷移によって極相に達している森林は、空いたニッチが少ないため、外来種は侵入しにくい。しかし、遷移初期の雑草がまばらに生えたような場所では、空きニッチが豊富なため、外来種が侵入できるチャンスは大いにある。また、野焼き、草刈り、土壌の掘り返しなどによって、遷移がしばしば逆戻りする場所は、多くの種に生き残りのチャンスを与える。このようにして、人為的な撹乱を受け続ける生態系では、外来種は生存しやすくなる。人工的な環境では、多くの外来種が在来種を排除することなく混在するのはそのためだ。

離島で跋扈《ばっこ》する外来種

島に住む生物の種の多様性は、大きな島ほど高く、大陸からの距離が近いほど高いという関係が知られている。この法則が成立するメカニズムは次のように理解されている。大陸にはすべての種がそろっていて、大小の島々には大陸から種が移住して住みつく。誕生したばかりの、まだ何も棲《す》んでいない火山性の島を想像するとわかりやすい。島はほどなく移入種を受け入れ始め、大陸から近ければ近いほど種数は速やかに増えていく。しかし、種数が増えるにつれて、新たな移入種は減っていく。新しい個体が島に到達しても、それが新たな種である可能性が低くなっていくからだ。いっぽうで、侵入後にうまく定着できず絶滅する種もいる。小さな島ほど環境が不安定なので（たとえば悪天候からの逃げ場がない）、絶滅率は小さな島ほど大きいと考えられる。その結果、島では移入と絶滅が拮抗する平衡状態が訪れる。この平衡状態は、島の大きさと大陸からの距離によって決まるので、大陸から離れた小さな島ほど種数は少ないことになる。外来種を島に持ち込むと定着率が高くなる現象が見られているが、その効果は島を大陸に近づけることと同じなのだ。あっという間に島は外来種でいっぱいになる。

もう一つ覚えておきたい逆向きの効果がある。それは、大陸から離れた島に捕食者が侵入すると固有種の絶滅リスクが大きくなることだ。通常、大型の捕食者は広い面積のホームレンジや縄ばりを必要とするため、隔離された小さな島にはいないことが多い。そのような環境で数を増やし、警戒心を失った固有種は、外部から突然捕食者が導入されると、簡単に食い尽くされてしまうのだ。我が国で、絶滅危惧1類（最も危険なランク）に指定されている種の多くは沖縄・奄美諸島や小笠原諸島で外来捕食者に晒《さら》されている動植物だ。捕食者としては沖縄・奄美のジャワマングース、小笠原諸島のグリーンアノールなどが代表的だ。

すべての外来種を監視することは無理

外来種の中には、農作物や観葉植物、家畜、ペットのように、意図的に持ち込まれる種がある。また、輸入貨物にまぎれて、非意図的に入ってくる生物もいる。さらに、気候変動の影響で侵入する生物もいる。その中から野外に逸出して野生化する生物が一部出てくる。野生化した生物を根絶するのはほぼ不可能なので、水際対策が必要だという主張もあるが、疑わしい外来種をすべて排除するわけにもいかない。

外来種の意図的な輸入であれば、検疫で何とかなるかもしれない。しかし、荷物に紛れ込む生物を税関で発見するには、膨大な労力と費用が必要になる。アルゼンチンアリのケースなどがそうだ。気候変動による生物侵入はほぼ制御不可能だ。島国の日本は幸いにして海洋が障壁になっているが、侵入は時間の問題でしかない。

外来種か在来種かを区別するよりも、有害生物かどうかによって対策を考えるべきだ。健康への影響、農林水産業への影響、生物多様性への影響の三つのレベルで考え、これまで医療、農林水産業、自然保護で蓄積した知恵を働かせることだ。

長期展望

現在の六つの大陸は、かつてはパンゲアと呼ばれる一つの超大陸だった。大陸の移動、大陸間の種の移動が背景となり、新しい種が発生しては古い種が絶滅する繰り返しがあった。そして、各大陸の生物相はいくたびも大幅に組み替えられてきた。こうして、地球全体の生物多様性は豊かになってきたのだ。グローバリズムは、流通によって大陸を一つにつなごうとしている。その生物多様性への影響は世界の均一化であり、パンゲアの復活と実質的には同じだ。果たして、それがホモ・サピエンスの種としての寿命を伸ばすのか、縮めることになるのか、予想は難しい。

第11章 絶滅種の復活は必要か？

いったん絶滅してしまった種が復活することはありえない。しかし、SFの世界では恐竜やマンモスが生き返る話が大人気だ。スティーブン・スピルバーグの映画「ジュラシックパーク」では、琥珀《こはく》に閉じ込められた蚊が持っていた恐竜の血液からDNAを抽出し、ティラノサウルス・レックスを復活させている。しかし、一億年前の生物化石から読み取った塩基配列は損傷が大きく、全配列を読むことはほぼ不可能だ。しかも、仮に全配列がわかったからといって、生物が再現できるわけでもない。

永久凍土から掘り出されたマンモスには、筋肉組織が残っていた。抽出されたDNAの塩基配列がほぼ読めたことから、近年各地で開催されているマンモス展ではキャッチコピーを「マンモスはよみがえるか」とする傾向がある。しかし、塩基配列だけではマンモスは作れない。遺伝子組み換え技術を使って、ゾウの生殖細胞にマンモスの遺伝子を挿入することは、たぶん可能だ。ゾウの胎盤を借り腹としてその生殖細胞を育てれば、マンモスに似たゾウが生まれる可能性はある。しかし、そのような偽マンモスを作る前に、倫理的な問題を解決する必要があるだろう。

本章のタイトルにある「絶滅種の復活」とは、絶滅してしまった種の「よみがえり」という意味ではなく、絶滅しそうな種の復活という内容だ。「絶滅したトキの復活」、「絶滅したクニマスの復活」など、本来は矛盾する表現だが、それほどの違和感はないだろう。日本に分布していたトキがすべて死んでしまったという意味で「絶滅」と言っているからだ。トキの復活とは、中国からの野生のトキの導入によって日本の集団が復活したという意味だ。

議論をより一般化するために、近年の絶滅種が掲載されているレッドリストをながめてみよう。

種の絶滅、集団の絶滅

レッドリストとは国際自然保護連合（ＩＵＣＮ）が作成した絶滅のおそれのある野生生物のリストだ。最初の発表は哺乳類と鳥類をまとめた一九六六年版。その後、リストの更新や他の分類群のリストの追加が毎年のように行われ、カテゴリー分けの整備も進められた。

カテゴリーは、過去七〇年生存が確認できていない「絶滅」、飼育下でしか存続していない「野生絶滅」、それに「絶滅危惧」、「低リスク」の四段階である。このようなカテゴリー分けが可能な分類群は、データが比較的蓄積されている哺乳類、鳥類、被子植物に限られるが、爬虫《はちゅう》類、両生類、魚類、昆虫類などの一部も含まれる。

日本でも環境省が日本版のレッドリストを刊行しており、類似のカテゴリー分けを採用している。ここで注目したいのは、絶滅種だ。日本版とIUCN版を比較すると面白いことがわかる。

日本版レッドリストで、絶滅種としてリストされている陸域の哺乳類はオオカミ、カワウソ、オガサワラアブラコウモリ、ミヤコキクガシラコウモリの四種だが、そのうちIUCNが絶滅種と判定しているのはオガサワラアブラコウモリだけだ。オオカミは、日本国内では絶滅したが、地球上からいなくなったわけではない。ユーラシア大陸や北米では健在なので、正しくは地域集団（亜種のエゾオオカミやニホンオオカミ）の絶滅にあたる。ニホンカワウソも同様だ。ミヤコキクガシラコウモリは東アジアに広く分布しているキクガシラコウモリの地域亜種である。要するに、本来の意味での絶滅種は小笠原固有種のオガサワラアブラコウモリだけだ。

鳥類についても同じようなことが言える。日本版レッドリストでは、一五種が絶滅種となっているが、そのうち、IUCN版での絶滅種は小笠原、大東島、琉球列島にいた固有種の中の六種だけだ。他の種の多くも海洋島からの絶滅であるが、他の場所では生存しているため、IUCNは絶滅種と判定していない。主要四島で絶滅した種はトキとコウノトリの二種だが、やはり中国やロシアに亜種が存続しているので、IUCN版では絶滅種に入っていない。

種の地理分布とは、地域集団の離合集散のスナップショットである。数百年を一瞬として見るようなスナップショットだが、カンブリア紀（五億四〇〇〇万年前）を起点と考えた生命の歴史から見れば、やはり一瞬にすぎない。

個々の地域集団は、個体数の増減を繰り返し、絶滅するかもしれない。あるいは空白の地域に移動した個体が新たな集団を創設するかもしれない。集団間での移動もしばしば起きる。複数の集団が常時どこかに存在することで種全体の絶滅のリスクは軽減されるし、遺伝的多様性も維持される。しかし、近年では、開発行為によって集団数が次第に減少している種が多い。最後の集団が消えることが「種の絶滅」だ。

絶滅した集団を復活させる最後の手段は、集団が維持されていた生態系の機能をとりもどし、他集団から同種の個体を導入することだ。例として、兵庫県豊岡盆地で行われてきたコウノトリとの共生をめざすプロジェクトを紹介し、その意義について考えよう。

コウノトリの野生復帰プロジェクト

コウノトリは翼開長二メートル、体重四〜五キロにもなる大型の鳥だ。かつては東北から九州までの各地に棲息《せいそく》していたが、明治時代の狩猟解禁後に乱獲されたことで次第に姿を消していった。さらに、太平洋戦争前後の食糧難の時期に、ほとんどの集団が絶滅している。ただ、但馬国出石藩の領主がコウノトリを霊鳥として保護してきた影響で、一九〇八年以降の但馬地区（豊岡市付近）は禁猟とされていた。そのため、兵庫県豊岡盆地や福井県若狭地域に最後の集団が生き残ったが、それでも個体数の減少は止まらなかった。一九六五年から野生個体を捕獲し、コウノトリ飼育場（現在のコウノトリの郷《さと》公園・保護増殖センター）で繁殖が試みられたが成功せず、一九七一年に最後の個体が捕獲されて野生集団は絶滅してしまった。その後の長期にわたる飼育努力にもかかわらず、繁殖はうまくいかなかった。ロシアから譲渡されたペアがようやく飼育下の繁殖に成功したのが一九八九年のことだ。その子孫たちの野外への放鳥が二〇〇五年から始まり、次第に野外で繁殖するペアが増え始めた。二〇二〇年現在では約二〇〇羽が自然の中で生活している。

もちろん、飼育個体を野外に放つだけでは野生復帰は成功しない。給餌されて育った個体は、野生で餌を見つけるのが苦手だ。どこで餌が採れるのか知らないので、すぐにコウノトリの郷公園に帰ってくる。野生では、若鳥は集団の中で生活しながら互いを知り、成鳥になると排他的な縄ばりをつくるのだが、飼育された個体はそのような社会を知らない。親が子を訓練する教育システムも失われているので、社会生活への人為的なリハビリが必要なのだ。

さらに重要なことは、野外で集団が存続できる環境を再現することだ。そのためには、コウノトリが絶滅した原因を知る必要がある。

コウノトリ。明治以前は日本各地で見られたコウノトリだが、1971年に全個体の野外集団は絶滅してしまった。その直後、ロシアからの譲渡を受けて飼育下での繁殖が試みられ、1989年にようやく孵化に成功した。その子孫たちの野外への放鳥が2005年から始まり、次第に野外で繁殖するペアが増え始めた。

コウノトリ絶滅の原因

明治期から太平洋戦争期までコウノトリは激減したが、一九五三年に天然記念物（一九五六年に特別天然記念物）に指定されたことで、狩猟圧はなくなった。しかし、その後も豊岡盆地や福井県若狭に残った集団は減少し続け、ついには絶滅してしまった。絶滅にいたる前後で、何が変わったのだろう。コウノトリの郷公園（野生復帰の拠点研究機関でもある）では様々な仮説が議論されてきた。①営巣場所の消失、②採餌場所の減少、③農薬の使用、④餌動物の減少、⑤遺伝的多様性の低下などだ。もう少し詳しく説明しよう。

①　営巣場所の消失

かつての営巣場所は丘陵地のアカマツ樹上だった。戦争中に、アカマツは軍事用に大量に伐採され、営巣場所がほとんど失われた。応急処置として、人工巣塔が建てられ、とりあえずの解決をみている。長期的には丘陵アカマツ林の復活が待たれる。

②　採餌場所の減少

コウノトリの本来の採餌場所は湿地だったが、広がった水田がその役割を果たしてきた。むしろ、弥生以来の水田の拡大によって、コウノトリは数を増やしてきたのだろう。近年の宅地造成などで全国的に水田面積は減少してきたが、豊岡地区はその影響をあまり受けていない。水田や湿地の面積変化はほとんどないため、採餌場所そのものは減少していないと考えられた。

③　農薬の影響

戦後は害虫以外の動物も殺す残留性の高い強い農薬（水銀剤、有機塩素剤など）が使われ、水田の生物が大量に死んだ。それを食べて生物濃縮による水銀中毒を起こしたコウノトリの例も報告されている。しかし、一九八〇年代になると無脊椎動物を選択的に殺し、しかも残留時間の短い農薬が使われるようになったので、生物濃縮がコウノトリ自体の繁殖を阻害する可能性は低くなった。むしろ、農薬による餌動物の減少という形でコウノトリに影響した可能性が高い。

④　農薬以外の原因による水田内の餌動物の減少

コウノトリは季節によって餌場を変えながら様々な小動物を食べる。中でも重要な餌場は湛水《たんすい》期の水田（圃場《ほじょう》、水路、畦《あぜ》で構成される）だ。通常五月から七月が湛水期で、コウノトリは圃場や水路で昆虫類、ドジョウ、フナ、コイ、ナマズ、ウナギ、カエルなどを捕食する。そして、湛水期が終わると、河川の浅瀬や河川敷の草地や池、牧草地などを転々と利用するようになる。

圃場整備が行われた近代的な水田で、湛水期の魚の密度を圃場と水路で比較したデータによると、圃場にはほとんど魚がいないことがわかった。圃場整備とは、一九六三年頃から全国的に始まった機械化を進めるための農地改革だ。その一環として暗渠《あんきょ》排水路（コンクリート製の深い排水路と、そこに圃場の水をしみ出させる地中管）の設置が行われた。排水路が圃場と切り離され、魚が水田に入れなくなったのだ。圃場整備前の圃場の動物密度のデータが存在するかどうかわからないが、筆者の経験では、あぜ道を歩くだけでも驚いて暴れるドジョウがたくさん見えたものだ。

豊岡地区では、圃場整備された水田に魚道を設置して排水路から圃場への魚の移動を可能にした。また、湛水期間を延長して、餌場としての圃場の機能を高めた。さらに、河川改修によって河川沿いの湿地面積を増やし、湛水期でない時期のための餌場をつくっている。

⑤　遺伝的多様性の低下

個体数が極端に減少すると、子孫を残すには血縁個体と交配するしかなくなる。結果、遺伝的多様性が失われ、不妊、流産、死産など、近交弱勢の影響が強く現れるようになる。コウノトリの人工飼育がなかなか成功しなかったのはそのためだと考えられている。幸い、ロシアから譲り受けたペアが繁殖に成功し、その子孫たちが放鳥された。放鳥後、自然に巣作りをするペアもできたが、繁殖に成功したペアはなかなか増えなかった。

ただ、二〇〇九年に幸運な出来事があった。数年に一回くらいの頻度で大陸から飛来する野生個体がいるようで、そのうちの一個体が放鳥個体とペアを形成し、翌年に繁殖に成功したのだ。豊岡の集団に新しい遺伝子が供給されたことになる。飛来した野生個体が採餌やペア形成の能力、育雛《いくすう》技術などを他個体に伝えた可能性もある。このような様々な対策の効果と偶然が複雑に絡み合って、コウノトリは次第に数を増やしていった。

プロジェクトを可能にした法整備や合意形成

豊岡盆地でこのような大規模プロジェクトが可能だったのは、土地利用に関する一連の法改正があったことが大きかった。一九九七年の「河川法」の改正では、河川環境の整備と保全が河川管理の目的として位置付けられた。一九九九年に「農業基本法」が廃止され、新たに「食料・農業・農村基本法」が制定された。その中で、農村に期待される役割の一つとして「多面的機能の発揮」が位置付けられた。二〇〇一年には「土地改良法」が改正され、事業の実施に際して環境への配慮が求められるようになった。

社会的な合意形成も重要な要素だ。日本の生態系の特徴の一つは、里山のような人為的な環境のもとで生き物たちが維持されてきたことだ。コウノトリの野生復帰を進めるためには、コウノトリの生活要求を満たす場所の確保だけでなく、住民の経済的合理性との調整が必要となる。

コウノトリと共生しようとする農法は、環境の視点からは生態系機能の持続が目標だが、営農する側から見れば、慣行農法に代わる省力的で付加価値のある農法になる。具体的には、農薬や化学肥料を削減する低投入型農業で、安心安全という付加価値の高い生産物を安定的に販売できることだ。両者の調整が合意形成の重要なポイントだった。

今後の主な目標は、絶滅リスクを小さくするために繁殖集団の数を増やすことだ。営巣は徳島、島根、福井など数か所で発見されているが、まだ集団とまでは呼べないようだ。コウノトリがレッドリストから削除される程度に増えるには、豊岡盆地で広まったような農法が全国的に展開される必要がありそうだ。

トキの復活についても少しだけ

佐渡のトキはコウノトリとよく似た経過をたどって野生復帰を遂げた。トキはもともと日本全国で目撃されるほど、広く分布していた種だ。明治以後の乱獲などによって、個体数が減少しつづけた。最後に残った佐渡の五個体が捕獲されて一九八一年に野生絶滅した。その後の人工繁殖、放鳥を経て個体数が増加し、二〇二〇年現在では四〇〇羽の野外生活する個体が確認されている。

佐渡以外の地に広げて複数の集団を復活させる段階に入ったと思われるが、ここで別の問題が出てきた。佐渡市は、トキの復活を観光資源として捉え、地域の経済活性化を目指している。しかし、トキが全国どこでもいる普通種になっては、観光資源としての価値がなくなる心配があるのだ。今後の議論に注目したいところだ。

第12章　動物との対話で探る共生への道

我々人間は、動物（正確には人間も動物の一種だが、この章ではあえて人間以外の動物を「動物」とする）とは違う優れた存在だと思いたがる。たとえば道具使用。人間だけが道具を使う、あるいは道具を作ることができると二〇世紀中ごろまで言われてきた。しかし、道具を使ったり作ったりする動物が次々に見つかり、勝手な思い込みだったとわかってきた。

考えてみると、人間が発明したと主張しているもののほとんどは、すでに生物が使っている技術を真似《まね》たものだ。飛行機の発明も、医療に抗生物質を使う発明もそうだ。生物が持つ優れた性質を、新たな材料や製品の開発に生かそうという取り組みが「生物模倣（バイオミメティクス）」と呼ばれる分野だ。しかし、生物の生態を観察している立場からは、これを人間の発明だと主張することは、身勝手な発想に思えてしまう。

近年は、「人間だけではなく、動物たちも言葉を使っているのではないか」という問題が注目を集めている。古来、我々は自分たちの文明を、言葉を使って表現してきた。確かに「人間の言葉（以下、ヒト語）を使うのは人間だけだが、それがいつの間にか「言葉を使うのは人間だけ」に変貌し、さらに飛躍して「動物よりも優れた人間だけが言葉を使う」になったようだ。

「言葉」の定義にもよるが、動物が言葉を使えないという証拠はない。確かに、動物はヒト語を使わないが、互いの情報交換に何らかのシグナルや記号を使って情報交換していれば、それが彼らの言葉であると考えればよいではないか。それが公平な定義というものだろう。それにしても、「人間だけが言葉を使う」という思考の起源はどこにあるのだろうか。

西洋哲学の影響

西洋文明の思想を築き上げ継承してきたのは、多くの哲学者たちだ。伝統的な西洋哲学には動物がほぼ欠落している。彼らは、言葉は人間に特有なものであり、社会を動かす基盤でもあると信じてきた。思考とは人間の、人間による、人間のためのものという認識なのだ。

アリストテレスは、善悪の区別をするには言葉を自由に使える能力が必要だと考えた。その能力により、誰が政治共同体に所属できるかが決まると論じた。つまり、人間だけだ。

ルネ・デカルトは次のように考えた。動物は精神（理性）のない「単なる肉体」である。だから苦しむことはない。人間だけが精神をもっており「肉体と理性」を兼ね備えている。その証拠は人間だけが言葉を話すからである。したがって、人間は精神を持たない動物をモノとして利用することができる。

イマニュエル・カントは、道徳によって人間共同体がつくられると考えた。これが可能なのは言葉によってロゴス（理性）を語る人間だけである。動物は理性を持たないので、道徳の共同体には入れないとした。

マルティン・ハイデッガーによれば、人間はコンテクスト依存の世界の中で、言葉を使って考え、新たな世界を形成するが、動物は特定の刺激に対して特定の反応を示すにすぎないと整理される。

これらの哲学者たちはみな、言葉をヒト語として定義しており、動物ははじめから除外されている。言葉は思考そのものに結びついていて、言葉を理性の表現として見ていたのだ。

このような思考は人間中心主義であると何度も批判されてきたが、今もなお、現代の人間社会と政治における支配的な考え方だ。その結果として、政治や法律のシステムは、動物たちに権利を認めておらず、人間の欲求を優先する社会メカニズムが出来上がっている。

ヒト語で話さない動物たちは、刺激に反応するだけの愚かな存在なのか。彼らの情報交換には意味がないのか。彼らは政治的に行動できないのか。異種生物との対話はできないのだろうか。

ヒト語を理解する動物たち

オウムの仲間は言葉を学習する能力があることから、ペットとして人気のある鳥類のグループだ。ヒトとオウムの喉《のど》の構造が似ているので、ヒトの音声そっくりに発声できるのだと考えられている。しかし、意味を理解しているわけではなく、ただ音声を真似するだけだと長らく思われていた。オウムに「オハヨウ」と言うように教えることはできるが、それだけのことで、その意味はわかっていないと考えられてきたのだ。

アイリーン・ペッパーバーグは、アレックスという名前のヨウム（大型オウムの一種）で学習実験を行った。自分の意図を言葉で表現できるようになるかを調べようとしたのだ。彼女はアレックスに言葉を教える際に、アレックスに報酬を決めさせるようにした。報酬とは、食べ物のほかに、カゴから出たいとか、休憩したいなどの要求も含まれる。こうして、言葉をその使い方と関連づけながら学習させたのだ。

すると、アレックスは自分の希望を表明できるようになり、以前よりも自分の周囲をコントロールできるようになった。ペッパーバーグはそれを利用して新しい言葉をつぎつぎに教えた。結果、アレックスは語彙《ごい》を一五〇単語まで増やし、五〇のモノの名前を覚えることができた。さらに、それらのモノについての色や形、数、材質、機能に関する質問に答えられるようになった。たとえば、二つのモノが「オナジ」「チガウ」「オオキイ」「チイサイ」などと答えるようになった。鍵が何のためのものかも理解した。新しい鍵でも、それが違う形をしていても、鍵として理解した。時にはアレックスのほうから「自分は何色か」などと質問することさえあった。これは自意識の存在すらあることを示唆している。

他にも数多くの実験が行われ、アレックスは驚くべき能力を発揮した。しかし、野生の情報交換能力のほんの一部が垣間見えたにすぎないのかもしれない。どれも人間の価値基準によるヒト語を使った実験でしかないからだ。野生のヨウムの記録では、二〇〇種類を超える音声パターンがあり、その中には他の鳥類の模倣もかなり含まれていた。ヨウムどうしだけでなく、他の鳥類とも複雑な情報交換をしていることが想像されるが、我々には想像もつかない世界だ。

ヒト語を話せる動物は他にもいる。たとえば、韓国ソウルのテーマパーク「エバーランド」で飼われているアジアゾウは「こんにちは」「座る」「いいえ」「横たわる」「良い」という意味の5つの韓国語を発音できるそうだ。鴨川シーワールドのシロイルカもいくつかの日本語単語を発音できる。ただ、どちらも意味を理解して話しているかは確認されていない。だが、米ハワイ大学のケワロ湾海洋哺乳類研究所で研究されているバンドウイルカは、イルカが発音可能な音域で作られた人工言語を使って会話する（音と記号や物との関係を伝える）ことが確認されている。

発音はできなくても、ヒト語を理解する動物はもっと多い。手話を覚えたチンパンジーやゴリラ、ボノボはヒトとの会話ができる。イヌやウマは、ヒトと共に生活すると、身振りに結びついた言葉の意味を理解できるようになる。ただし、主な情報交換の手段が言葉に変わるわけではない。言葉よりも身振り、姿勢、目を合わせる、スキンシップなど、身体的な交流のほうが重要で、言葉は必ずしも必要でないことが多い。

ヨウム。大型オウムの仲間であるヨウムについての詳しい行動研究の結果、音声（ヒト語）による会話が成り立ちうることがわかった。

動物の情報交換

我々は、言葉に頼りすぎているので気づきにくいが、ヒトも言葉だけを使っているわけではない。声のトーンや抑揚、表情、匂い、身振り、スキンシップなどを補助的に使うと、気持ちや意図がより正確に伝わることがある。どれもヒトにとっては二義的と考えられているが、動物たちが行っている情報交換を理解する手掛かりになる。動物は、それぞれの環境で有効なシグナルの発信装置を開発し、あわせて感覚器官を発達させてきたのだ。ヒトとの違いは、どのシグナルを重視したかという相対的なものでしかない。身近な動物の中から少し例を挙げてみよう。

①　匂いと嗅覚

イヌの嗅覚が鋭いことはよく知られている。我々の鼻腔《びくう》には嗅覚神経細胞が五〇〇万個しかないが、イヌでは二億個もあるからだ。私たちの鼻は、匂いは感じてもシグナルとして認識することはあまりない。だが、イヌの嗅覚だと自分自身と他のイヌを嗅ぎ分けられる。散歩中のイヌが立ち止まってクンクンと匂いを嗅いでいるときは、以前マーキングした自分の尿の匂いを確認している。しつこく嗅いでいる時は、他のイヌの匂いを嗅ぎつけて、知っているイヌか、オスかメスか、自分より大きなイヌか、どのくらい前のマーキングなのかなどを読んでいることが多い。イヌにとっては、匂いが個体を識別するマーカーの役割をしているのだ。

哺乳類には臭腺から匂い物質を分泌して樹皮などにこすりつけて縄ばりを主張する種も多い。ネズミ、シカ、クマなどがそうで、イヌと同様、近隣の動物を匂いで個体識別している。

タヌキはいくつかの決まった共同トイレ（ため糞場）をもち、複数の個体が利用する。このような場所は同じエリアにいる近隣のタヌキたちと、性別や年齢、健康状態、発情などについて情報交換する場所となる。

匂いは発生してから何時間も何日も消えない。匂いを使えば時を超えて、また種を超えてメッセージが伝えられる。このような匂いを使った情報伝達はネットワークコミュニケーションの一つだ。

②　色と視覚

光の有無を感知するだけでなく、立体視のできるちゃんとした眼《め》が化石記録に登場したのは五億四〇〇〇万年前のことだ。その後、驚くほど多様な動物が急に現れた「カンブリア爆発」が始まった。偶然の一致ではない。立体視によって、捕食者と被食者の関係が一変したからだ。捕食者は視覚によって被食者を見つけようとし、被食者は見つかりにくい体色や模様を進化させた。バッタが自分の体色にあわせて背景の色を選ぶのも、コノハチョウが巧みに姿を隠すのもそうだ。これは被食者が捕食者に対するシグナルを消すという、一種の情報交換なのだ。すると、捕食者はますます視覚を精巧にして、被食者を探そうとする。

いっぽう、様々な生物に見られる驚くべき色彩は、目立つために体色が進化した結果だ。クジャクや花が有性生殖を行うために自己を顕示するのも、スズメバチが黄と黒のストライプ模様で捕食者を警告するのもそうだ。

体色は自分のその時の意思を発信しているわけではない。色は健康のバロメータになっていて、嘘がつきにくい情報交換の手段という側面もある。オスのクジャクが派手な尾羽を誇示するのは、自分の能力を正直にメスにアピールしているのだと考えられる。そこには、病原体に侵されない免疫力を持っていること、餌を上手に獲得する能力があること、ライバルとの闘いに勝つ体力があることなどの情報が含まれている。

ヒトは赤、青、緑の光三原色を感じるが、動物の中ではかなり特異な存在だ。昼行性の爬虫類、両生類、魚類、鳥類は近紫外を含む四つの色を感知している。おそらく、カンブリア紀に獲得した能力だ。四色を使った情報交換は、我々の想像の及ばないほど複雑で高度なものだろう。紫外線写真の利用によって、近年ようやく、その世界が見え始めたところだ。

恐竜からの捕食を避けるために夜行性となった哺乳類の多くは赤の感受性を退化させ、今でもほぼモノクロームの世界にいる。昼でも暗い森の中に住んでいる哺乳類にとっては、カラーよりも解像度が高いモノクロームのほうが優れている。哺乳類の中で、森から出て昼行性になったヒトは赤の感受性を取り戻し、三原色を見るようになったと考えられている。

③　音と聴覚

生物の世界では、音を使った情報交換は至る所で見られる。コオロギやスズムシ、マツムシなど、秋の虫は種ごとに特徴のある鳴き声を聞かせてくれる。草むらからたくさんの種が一緒に鳴くことから、コーラスに例えられるほどだ。鳴くのはオスだけで、メスを呼び寄せるためだが、メスはコーラスの中から同種のオスを確実に見分けることができる。翅《はね》の基部にあるヤスリ状の器官をこすり合わせた音なので、周波数が種によって決まっているからだ。それぞれの種が異なる周波数の音を出すことで、他種との重複を避けているのだ。

高低のある音（メロディー）をメッセージとして認識できる聴覚は脊椎動物に限られるようだ。ただし、可聴域は動物によって異なっている。イルカは社会的な動物で、互いに高周波音声を使って情報交換をしている。しかし、イルカの音声のほとんどは我々の可聴域外にある。そのため、イルカの言葉は理解しづらく、彼らが何を話しているのか、なかなかわからなかった。近年、音声をデジタル録音してスロー再生する技術が開発され、イルカ語が少しずつ解明されている。

二一世紀初頭、イルカがお互いを名前で呼び合っていることが大きなニュースになった。彼らはそれぞれが独自の音を持ち、新入りのイルカに自己紹介をしたり、呼び合ったりするときにその音を使うというのだ。

イルカの声は高すぎて我々には聞こえないが、ゾウの声は低すぎて聞こえない部分がある。ゾウも複雑な社会的関係の中で暮らしているため、音声が重要な情報交換の手段になっている。低周波音の録音を、三倍速で再生してゾウの声を調べた研究者によると、声は最長四キロメートル離れた場所でも聞こえるという。また、発情期のオスが遠く離れた場所にいるメスを探すのに低周波音を使うこと、何キロも離れ離れになった家族をどのようにして見つけるのかなど、多くのことがわかってきた。ゾウの音声の研究者は、ゾウが豊かな言語を持ち、感情や意思を伝え、物体の特徴を説明すると考えている。

他にも、味、ボディタッチ、表情、動きなど、重要な情報交換の手段はまだまだあるが、ここまでにしておこう。言葉を使うのはヒトだけではないこと、ヒト語以外の情報交換の手段も言語と同じような、いや、それ以上の機能を持っていることをわかってもらえただろうか。

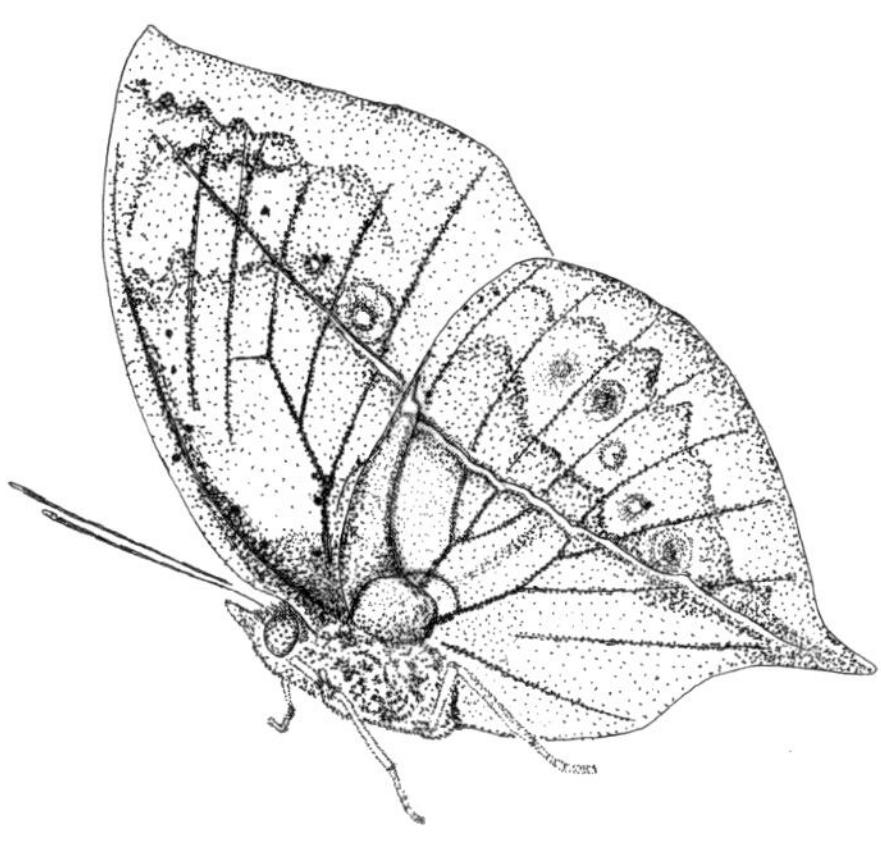

コノハチョウ。捕食者からの攻撃を避けるには、隠れる、逃げる、反撃するという3つの方法があるが、被害を最も少なくする方法は隠れることだ。昆虫に発達している背景擬態はその最たる例だろう。

ペットとの対話は可能か

近年、世界中で動物の言葉をヒト語に翻訳する作業が始まっている。対象動物はイヌやネコを筆頭に、ニワトリ、ミツバチ、イルカ、ゾウ、シジュウカラ、オオカミ、プレーリードッグなど多岐にわたる。動物語翻訳が可能なのは、言葉と行動が強く連動しているからだ。行動観察から鳴き声が何を意味するか推定できる。その作業を積み重ねて訳語の精度を高めていくと、動物語―ヒト語辞書の編纂が可能になる。

タカラトミーは「バウリンガル」というイヌ語の翻訳機を発表し、二〇〇二年のイグノーベル賞を受けた。イヌの首輪に装着した小型マイクから鳴き声を送信し、受信機側で声紋分析することで、感情を六種類に判別するしくみだ。「フラストレーション」「威嚇《いかく》」「自己表現」「楽しい」「悲しい」「欲求」の六種類だが、それぞれの感情に該当する三〇ほどの音声をランダムに出力するので、二〇〇もの単語を使っているかのように聞こえる。

だが、鳴き声の翻訳ができれば動物の世界を理解できると思うのは早計だ。動物たちは、鳴き声だけで感情を表現しているわけではない。むしろ鳴き声は脇役で、仕草や表情、匂い、色彩などのほうが重要な役割を担っている場合が多い。イヌやネコなどと生活を共にしているヒトは、彼らの心を知るには耳や目、尻尾、毛の動きなどに注目することが必要だとわかっている。

ここでは、鳴き声だけでなく、多様なシグナルで発信される情報を言葉と呼ぶことにする。動物たちは様々な言葉を使って何を伝え、どのようなコミュニティーを創っているのだろうか。そして、動物たちとの対話を通した共生の道はないのだろうか。

危険を知らせる言葉

最もわかりやすい動物の言葉は他個体に危険を知らせる鳴き声（警戒声）だ。ヒトも危険に遭遇した時に叫び声をあげる。炎が上がると「火事だ」と叫び、車がヒトに近づくと「待て、危ない」と大声を出す。警戒声がわかりやすい理由は、動物もヒトも同じようなシグナルを同じような目的で使っているからだ。

動物は危険に遭遇して、反射的に恐怖の声を出すのだろうと、二〇世紀中頃まで思われていた。近くにいた仲間は、その声を聞いて危険を察知するかもしれないが、恐怖の声は仲間へのメッセージではないという解釈だ。だが、ベルベットモンキーやニワトリなどの研究から重要な示唆が得られている。

アフリカのサバンナ地帯にいるベルベットモンキーは、ワシ、ヒョウ、ヘビに対して別々の警戒声を発する。警戒声を録音して実験的に流してやると反応して逃げるが、同じ声を数回流すと反応をやめる。流された音声が信頼できないことがわかったからだ。彼らは警戒声に単純に反応するのではなく、警戒声の真偽を評価していることを意味している。

群れの中にいるニワトリは、近づいてくるタカに気づくと鳴いて知らせるが、仲間が近くにいない時は鳴かずに不動の姿勢をとる。警戒声は群れの中で情報交換するための言葉なのだ。

警戒声の使い分け

警戒声の研究で有名になった動物がプレーリードッグだ。プレーリードッグは北米の草原地帯に棲息するリスの仲間で、穴を掘って巣穴を作り、群れで生活する。行動圏はそれほど広くなく、いつも同じ地域で生活している。そのため彼らは多くの捕食者に狙われる。捕食者の立場からすると、プレーリードッグの居場所さえ知れば狩りがやりやすくなる。巣穴から出てくるのを辛抱強く待てばいいからだ。プレーリードッグのほうは、対抗手段として高度な警戒声を発達させ防衛力を高めている。

プレーリードッグは侵入者によって音声を使い分けている。侵入者が空から来る場合と、地面から近づく場合で、警戒声を変えるのだ。タカから逃げるのと、ヘビから逃げるのでは、逃げ方を変える必要があるので、この情報は有益だ。

それだけではない。侵入者の詳細を表現することもできる。侵入者がヒトなら、ヒトであること、どのぐらいの身長か、何色の服を着ているか、棒などの凶器を所持していないか、といった情報を語る。イヌなら、大きさと色、形、どんなスピードで近づいてきているかも表現する。未知の侵入者については、いくつかの単語を組み合わせた「卵型の未知の危険物」のような表現を使うこともある。

上空から来る敵と地面から来る敵を区別して別の警戒声を使う動物は、もちろん日本にもいる。シジュウカラやコガラ、ニワトリ、リスなどだが、研究が進めば鳥類や哺乳類以外でもまだまだ見つかることだろう。

動物界の「オオカミ少年」

カラハリ砂漠にすむクロオウチュウは、カラスを小さくしたような黒い鳥だ。カラハリ砂漠には、チメドリ、ムクドリ、ミーアキャットなども同居していて、奇妙な相互依存の関係が生まれている。

クロオウチュウは飛翔昆虫をねらって高い木の梢《こずえ》に止まることが多いので、ワシやタカの飛来に気づきやすい。空から敵が近づくと、けたたましい警戒声をあげる。集団で反撃することさえある。まさに砂漠の用心棒だ。ミーアキャットや他の鳥たちはクロオウチュウが上げる警戒声に聞き耳を立てている。捕食者に対する警戒をクロオウチュウに任せて、ゆっくり採餌できるからだ。

しかし、クロオウチュウが用心棒として信頼できるのは、餌となる昆虫が豊富な雨季だけのことだ。乾季になると、昆虫は飛ばなくなる。乾季に入って得られる餌は、地面に隠れているバッタやトカゲ、サソリなどだ。クロオウチュウは飛ぶ昆虫を捕まえるのは得意だが、地上の餌を見つけることが不得手なのだ。そこで、他の住人たちの行動を監視し、見つけた餌を横取りしようとする。その時使うのが嘘の警戒声だ。

警戒声を聞いた鳥は、餌を落としてその場から逃げてしまう。その間にクロオウチュウは急降下して、被害者の餌を奪い去る。クロオウチュウが一日に摂取する餌の実に二〇％は、盗むことで得ている。

クロオウチュウは自分自身の警戒声を使って被害者をだますのだが、繰り返し同じ鳴き声を出していると、嘘がばれて相手は反応しなくなってしまう。「オオカミ少年」となったクロオウチュウは、さらなる高等戦術を使う。鳥やミーアキャットの警戒声をまねるのだ。クロオウチュウは五〇を超える別の種の警戒声を覚えて、まねることができる。たとえば、自分自身の警戒声を二回つづけても効果がない場合は、三回目は標的動物の警戒声を発するという具合。そして、この作戦はかなり成功する。

カラハリ砂漠の住人たちは、言葉を介した共存共栄の関係にあると言える。季節によって依存する立場が交代することで、相互依存の関係が維持できているようだ。

このような双方からの作用によってそれぞれの能力が洗練されてゆくプロセスは、ゲームとして理解するのがわかりやすい。イヌとヒトの相互関係を例に考えてみよう。

クロオウチュウ。普段は高木の梢などにとまっていて、視界が効くのでタカやヘビなどの敵に気付きやすい。その警戒声は動物たちにも警報として利用されている。餌が乏しい乾季になると、クロオウチュウは嘘の警戒声を使って、ミーアキャットが捕まえた昆虫やサソリなどの獲物を横取りすることがある。このことは動物たちが異種の音声情報を利用している、つまり嘘の混じった会話から生じる利害を理解していることを意味する。

イヌのコミュニケーション能力

イヌはヒトと生活を共にすると、ヒト語を理解するようになる。ヒトのほうもイヌの気持ちがわかるようになる。この相互理解をさらに深める効果があるのが、イヌとヒトがいっしょに同じ運動競技をすることだ。警察犬のトレーナーはしばしば敏捷《びんしょう》性を高めるアジリティートレーニングを使う。音声だけでなく、動作や表情も使ってトレーニングすることで、相手の世界を感じる感覚が双方に育つという。

これは、イヌとヒトが世界を同じように理解するという意味ではない。ヒトは主に目を使うように適応しているが、イヌは鼻を使う。ヒトは自分の位置を視覚的に捉えて頭の中で地図を描くが、イヌはにおいの地図を作る。イヌとヒトが連れ立って何かを追跡するとき、ヒトは目で見て周囲の状況を感じ取り、イヌは鼻を使う。それでも、どちらも同じ仕事に取り組んでいる。そういった形で、イヌとヒトとの相互理解が深まる。

イヌの祖先であるオオカミは、一万〜三万年前にヒトの集落に近づいた。オオカミにとってヒトの残飯は重要な食糧源だったからだ。ヒトはオオカミが身近にいることにメリットがあると考え、近隣で生活することを許容したに違いない。イヌたちがヒトの集落に集まると、そういうイヌどうしが番《つが》いになった。そして、ヒトになつきやすい子孫がさらに増えていったのだろう。

イヌとヒトは一緒に進化したので、特別な相互依存の関係が生まれた。オオカミは決してヒトに対して吠えないが、イヌはヒトへメッセージを込めて吠える。イヌはヒトが理解しやすいイヌ語を選んでいるためかもしれないが、ヒトはその吠え声の意味を汲み取れるようになった。イヌを飼ったことのないヒトでも、捻り声の加減から、イヌが怒っているのか、危険を知らせているのか理解できる。イヌのほうも、ヒトの顔写真を見せられると、ヒトの気持ちを推し量ることができる。声や身振りが加わると、さらに意図の伝達は簡単になる。

いっぽう、オオカミはヒトの身振りや表情にほとんど反応しないし、訓練してもイヌほどの効果は得られない。イヌとオオカミは交配可能なので、同じ種と考えてよいが、家畜化の過程でヒトとのコミュニケーション能力に違いが生じているのだ。

ネコはバイリンガル

ネコは、イヌとは違ったふうに世界を捉えている。ネコも嗅覚が優れているが、イヌほどは鋭くない。ネコの特徴は、聴覚に優れていることと、暗闇での視覚が優れていることだ。

「イヌはヒトにつき、ネコは家につく」と言われ、ネコはヒトと住居を共有しているだけで、ヒトには興味がないようなイメージがあるが、そうではない。家庭の中では、ネコとヒトは表情や身振りによって相互理解を生み出す。

ネコがヒトに出すシグナルには次のようなものがある。丸く目を開いて注視する時は、ヒトが何をくれるか期待している。親しいヒトが名前を呼ぶと、安心したように目を細める。親しい相手には尻尾を立てて近づいて体を擦り付ける。尻尾を横に強く振るときは機嫌が悪い。怖い時は耳を後ろに寝かせる。ヒトにはわかりやすいシグナルばかりだ。

ネコはヒトとコミュニケーションをとるために、これら以外の方法も発達させた。なかでも重要なのが、ニャーニャーという鳴き声だ。子ネコは母親を呼ぶために声を出すが、おとなのネコは互いに向けて鳴くことはない。だが、ヒトに対してだけは甘えたような声でニャーニャーと鳴く。この鳴き声はネコがヒトとの共同生活の中で習得した新言語だ。つまり、ネコはバイリンガルなのだ。

ネコにとって、ヒトとの共同生活は家族の一員として生きることだ。ヒトがネコを家に迎え入れると、ドアや窓を開ける方法を自分で見つけて、外出と帰宅を繰り返す。結果、近隣の家に住むネコたちと同じ地域に合流することになる。ネコの近所づきあいの始まりだ。

近隣のネコたちは、糞尿の匂いを使って出歩く範囲を互いに調整している。ネコたちの出歩く範囲が重なる場合は、出かける時間が重ならないようにする。ネコはネコどうしの付き合い、ヒトとの付き合いを経験しながら、複層的なコミュニティーの中で生活していると言える。

イヌとネコでは、ヒトとのコミュニケーションの取り方がかなり違う。それでもヒトと生活を共にしている動物は対話がとりやすい。では、ヒトとの接点が少ない野生動物との対話はどうすればよいだろうか。

野生動物との対話は可能か

近年、野生動物による被害が増加している。イノシシがヒトを襲って怪我を負わせた、シカやイノシシが農地に入って作物を食い荒らした、シカが森林の林床を丸裸にした、サルに収穫前の果物を食い荒らされた、などなど。原因はどれも共通している。人間による土地所有の権利主張と、土地所有の概念を持たない野生動物との対立なのだ。

イノシシを例に考えてみよう。イノシシはこれまで西日本での農業被害が大きかった。近年は北陸、関東、東北へと勢力拡大しつつある。山村でもあまり見かけなかったイノシシが、毎晩山から里に下りて来て、農作物を食い荒らしている。農家にとっては由々しきことだ。多くの人間は、本来、山に棲むべきイノシシが、山の餌が足りなくなって里に下りて来たと考えるが、実はそうではない。作物を作ること自体がイノシシを引き寄せるのだ。イノシシにとって、農作物は栄養豊富な食べ物だ。それが畑の中に豊富にあるのだから、イノシシにとっては見逃すわけにはいかない。

中央農業研究センターの仲谷淳博士によると、狩猟人口の減少がイノシシの増加を招いたとする解釈は当たらないそうだ。狩猟登録者数はスポーツハンティングがブームだった一九七〇年ごろがピーク（約五〇万人）で、現在の狩猟人口（約一九万人）は一九五五年ごろと同じなのだ。狩猟者の少なかった一九六〇年度の捕獲数は三万頭、二〇一五年度の捕獲数は五五万頭だ。狩猟人口の問題ではなく、イノシシが増えたから捕獲数が増えたと考えるべきだ。

農家は、イノシシが林縁から農地に入れないように電気柵を使っている。イノシシに対して「農地への境界を超えるな」というメッセージを出している。電気柵は確かに有効で、設置した場所への侵入は防げるのだが、イノシシが農地への侵入をあきらめるわけではない。柵が設置されていない農地に移動するだけのことだ。やがて、農家はすべての林縁近くの農地に電気柵を設置せざるをえなくなる。作物への被害よりも柵の設置コストのほうが大きいほどだ。するとイノシシは道路を通って集落の近くまで出没するようになる。さらに、近隣の集落へと行動範囲を広げる。このままではイノシシと電気柵の「イタチごっこ」は止められない。

イノシシは農地周辺の森林生態系にとって重要な存在だが、増えすぎても困る。イノシシとの対話や調停はできないのだろうか。ほんの思いつきに過ぎないが、山村や農村では番犬や猟犬をリードから解き放ち、放し飼いできるように法改正してはどうだろうか。かつて、ヒトがイヌとの共生生活を始めたのは、クマやイノシシを集落に近づけないためだった。時にはヒトに噛《か》み付くイヌもいたかもしれないが、それよりもクマやイノシシの被害のほうが恐ろしかったに違いない。ヒトの人口が増えて都市化するにつれ、野生動物の危険はなくなった。しかし、今度はイヌが怖い存在となった。そこでヒトは、リードでつなぐか、室内に閉じ込めることで、イヌの自由を奪ったのだ。

山村や農村では野生動物との紛争が続いている。解決のためには異種動物をつなぐ言葉を使って、動物と共に考えることが必要だろう。ヒトとイノシシという一対一の関係を考えるだけでは解決は見えてこなかった。農村の生態系にイヌを参加させ、ヒト、イノシシ、イヌの三者が発する言葉によって共生を図るアイデアはどうだろう。関係の数を上手に増やすことが生態系を安定に導くのではなかろうか。自由を取り戻したイヌは集落の近くを走り回り、イノシシが出たら吠えて威嚇する。その鳴き声を聞いたヒトはイノシシ狩りに出動できる。イヌに追い回されたイノシシは恐怖心から農地に出没しなくなるだろう。イノシシだけではない。おそらくクマもサルもシカも、もしかしたら不審者も近づかせない効果がありそうだ。

第13章 家畜化という進化

家畜化と言うと、人間によって無理やり飼い慣らされたというネガティブな意味に取られがちだが、実はそうではない。「家畜化」とは domestication の訳語だが、日本語にはぴったり同じ意味の言葉がない。語源はギリシャ語の domos（家）で、英語でも意味は曖昧だ。だが、domestic がどのように使われているかを見ると、なんとなく意味がわかる。たとえば domestic accounts（家計）、domestic airline（国内航空路線）、domestic demand（内需）、domestic appliance（家庭用電化製品）などが普通に使われている。もちろん、domestic animal（家畜）もその一つだが、「家畜化」というよりも「家族化」の意味に近いことがわかる。食用動物や使役動物の意味もあるが、家畜化された動物は、野生動物に比べて親和的で、他個体（特にヒト）への攻撃性が低くなるように進化していることが重要な点だ。

近年、ヒトの文明社会は自己家畜化（つまり自ら攻撃性を低下させたこと）によって発達したのではないか、という議論が注目されている。だが、ヒトの家畜化の話に進む前に、ここでは動物が家畜化されると、形態や行動にどんな変化が起きるのか、少し整理しておこう。

家畜化症候群とは何か

現代のイヌの品種とその祖先種だと考えられているオオカミとを比較してみよう。明白に違うのは体格の違いだ。チワワやポメラニアンはオオカミよりずっと小さい。一方、グレートデンやセントバーナードはオオカミよりかなり大きい。

骨格も大きく変化している。わかりやすいのは脊椎の一部である尻尾の形で、人為淘汰の影響が強く見られる。イヌは尻尾をくるりと巻くことで喜びを表現できるが、オオカミは長くて直線的な尻尾をゆっくり振るだけだ。

頭骨の変異も大きく、オオカミの頭骨と似ても似つかないのはペキニーズやブルドッグで、短くなった頭骨は呼吸すら難しくなっているが、あまり走ったり暴れたりしないので何とかなっている状態だ。逆に、コリーやアフガンファウンドの頭骨はオオカミ以上に細長い。

毛皮もオオカミから様変わりしている。オオカミの毛色は白色に近いものからダークグレーまで見られるが、イヌでは黄色、赤色、茶色などの色味が加わる。さらに、白と黒などの斑紋が多くなる。オオカミにはそのような模様はない。

垂れ耳も家畜化の特徴だ。近年の和犬（シバイヌやアキタケンなど）の人気は、オオカミの雰囲気を残す立ち耳が逆に注目されたからだ。

姿の違いも重要だが、行動面での違いも忘れてはならない。オオカミは見知らぬヒトや動物に対して吠えない。無言で近づいて、いきなり攻撃を加える。オオカミはヒトに近寄ろうとしないし、ヒトに向かって親愛の情を表現しようともしない。

オオカミはイヌのようには人の意図を読み取れないらしい。餌の存在でも天敵の襲来でもよいが、オオカミに向かって何かを指さしてみせても、全くわからないようだ。ヒトの視線をたどったり、感情を読み取ったりすることはない。ネコも似たようなもので、ヒトに親愛の情を示したりする点などはオオカミと違うが、ヒトの意図はわからないようだ。そのため、ヒトとネコの共同作業は難しく、警察犬や猟犬のような訓練をすることは期待できない。生まれた時からヒトに育てられていてもその性質は変わらない。

適応進化か多面発現か

先述のような比較をすることで、オオカミからイヌへの家畜化によってどのような変化が起きたのかはわかる。だが、多様な形質に変化が生じたのはそれぞれの形質が環境条件に適応して独立に変化したのだろうか。それとも、オオカミがヒトへの攻撃性を低下させたことに連動して多くの形質が変化したのだろうか。この違いは動物の育種にとっても、遺伝子の働き方を理解するためにも、重要な情報だ。

これは「多面発現」という遺伝子の働き方に関する問題なので、少し説明しておく。多面発現とは、単一の遺伝子が複数の形質の発現に関与するという現象だ。ある一つの形質を対象として人為淘汰（自然淘汰でも同様）を行えば、他の形質に影響が及ぶことがある。たとえば、オオカミの一部個体が攻撃性を低下させてヒトに近づき、食物を得やすくなった結果、繁殖率が向上したとする。このオオカミの子孫たちの攻撃性は次第に下がってくるかもしれないが、変化するのが攻撃性だけならば、遺伝子と攻撃性は一対一の対応関係になっていると考えてよい。だが、体サイズ、頭骨、尻尾、毛皮、耳、行動なども引っ張られるように変化したのであれば多面発現が起きたということになる。

多くの家畜化された動物に、似たような形質変化（家畜化症候群）が起きることは古くから知られていた。つまり、動物の種類を問わず、家畜化には同じような多面発現のメカニズムが働いている可能性があるのだ。

だが、そのことを確認するには、比較の方法では結論が出ない。多面発現を確認するためには、よく計画された育種実験が必要となる。

ベリャーエフのキツネ

ドミトリー・ベリャーエフはスターリン時代のソ連で活動した優秀な遺伝学者で、一九三九年モスクワの中央研究所に職を得、野生動物の毛皮の生産を向上させるための研究を行った。彼はメンデル遺伝学にもとづく育種研究が重要だと理解していたが認められず、遺伝の研究を実施することはできなかった。当時のソ連では遺伝学者は危険視されていたからだ。

一九二四年に共産党最高指導者になったヨシフ・スターリンは、西側のメンデル遺伝学を反ソ連のイデオロギーを広めるための似非《えせ》科学とみなしていた。党の見解に従わなかった遺伝学者は、強制収容所に送られたり、収容所で殺されたりしている。純粋に科学的な進化のメカニズムに関する議論が政治に利用された歴史的な大事件だった。より詳しい事情はルイセンコ論争を解説した文献、たとえば『ルイセンコ学説の興亡』（ジョレス・メドベージェフ、河出書房新社、一九七一年）などにあたってほしい。

その影響は一九五三年にスターリンが死んでからも続き、しばらくの間、遺伝学研究は禁止されていた。ベリャーエフが遺伝学の研究を開始できたのは、一九五八年に、中央研究所からノボシビルスクにあるソビエト連邦科学アカデミー・シベリア支部の研究所に所長として移動してからだ。要するに左遷だったのだが、彼は中央の監視の目が届きにくいシベリアで数百匹のキツネを飼育し、長年温めてきた考え、つまり、「家畜化症候群」の遺伝研究を試すことができたのだ。

ベリャーエフが調べたのは、ギンギツネの繁殖率だった。ギンキツネは日本にも分布しているアカギツネと同じ種で、シルバーの毛皮を持った遺伝変異だ。ベリャーエフが研究を開始したころ、シベリアでは、ヨーロッパやアメリカで人気の高い毛皮を目的に数千の農場で飼育されていた。もともとはカナダのプリンス・エドワード島から連れてこられたもので、すでに八〇世代以上の累代飼育が行われていた。

一般に、動物は家畜化が進むとあまり季節に左右されずに繁殖するようになり、繁殖回数が増える、つまり繁殖率が高くなる傾向がある。家畜化が進むことは、農家にとって嬉しいことのはずだ。しかし、キツネたちは囲われて飼育されていたものの、家畜化の努力が行われていたわけではなく、その繁殖率は野生集団と同じだった。年に一回しか子を産まなかったのだ。つまり、農家はほぼ野生のキツネを飼育していたのであり、家畜化はほとんど進んでいなかった。

ベリャーエフは、ヒトへの寛容さを増大させる人為淘汰をかければ、繁殖周期の短縮がもたらされるだろうと考えた。同時に、淘汰とは無関係の形質にも家畜化症候群が起きるだろうとも予想していた。キツネが常にヒトにおびえていて、例外なく反射的にヒトを攻撃するのであれば、寛容さの進化には突然変異が必要だ。そういう場合、家畜化はきわめて困難となる。しかし、寛容さを備えた個体が少しでもいればその性質を広めるような育種が可能だろうという考えだ。

選抜実験による攻撃性の変化

実験の結果が出るには何十年もかかりそうだが、ベリャーエフはシベリアに着任後まもなく実験を開始した。まず、毛皮農場から、最初の集団となる数千匹のキツネを集めた。おとなしい個体を見つけるために、研究者たちはケージに近寄って扉を開けようとする。ほとんどのキツネは唸《うな》り、咬《か》みつこうとしたが、そこまではヒトを恐れない個体も一部いた。その中から一〇〇匹のメスと三〇匹のオスが繁殖用の第一世代として選ばれた。

繁殖が始まると、次の世代以降は子ギツネを選抜の対象とした。もともと子ギツネはそれほど攻撃的ではないので、攻撃的かどうかがわかりやすい。おとなしい子ギツネなら体をなでることもできる。ここで約二〇%のメスと五%のオスが繁殖用に選ばれた。この手続きを五〇年かけて毎年繰り返したのだ。もちろん、コントロールとして、選抜されないキツネの集団もつくり、観察を続けた。

　攻撃性の変化は意外に早く現れた。わずか三世代のうちに、選別した集団の中に攻撃性や恐怖反応を示さない個体が出てきたのだ。四世代目にはイヌのように尻尾を振って研究者に近づく子ギツネが現れた。そして六世代目になると、尻尾を振るだけでなく、クンクンと鳴き、研究者に近づいて匂いを嗅いだり舐《な》めたりする行動が見られるようになったのだ。この程度までヒトに慣れたキツネの割合は、一三世代で四九%、三〇世代で七〇%にまで増えた。選別しなかった集団には見られなかった行動だ。二〇〇五年には、ついにすべてのキツネがこのカテゴリーに入った。

ギンギツネ。日本にも生息しているアカギツネの黒色変異型。美しい銀色の毛皮はヨーロッパやアメリカで人気が高く、ソ連時代のシベリアで数多くの農場で飼育されていた。系統選抜などは試みられず、多くの形質が野生に近いままだった。ベリャーエフは家畜化をめざした選抜実験で繁殖率を高めようとした。

キツネに見られた家畜化症候群

変化が起きたのは、攻撃性の変化だけではなかった。攻撃性だけに人為淘汰をかけたはずだが、それとは無関係に思える変化が次々に起きた。

- 四世代後、繁殖周期が変化し始め、夏だけでなく、春や秋にも子を産むメスが現れた。
- 一〇世代後には、額に白い星型の斑紋が現れるようになった。ウマやウシ、イヌ、ネコなど、多くの家畜に見られるような斑紋だ。
- 一五世代後、垂れ耳と丸まった尻尾を持つ個体や、尻尾や四肢が短くなった個体が現れた。イヌにも同様の形質がある。
- 二〇世代後、歯並びの悪い個体が現れ始めた。脳が小さくなり頭蓋骨の形が変化して、吻部《ふんぶ》が短くなったためだ。他の多くの家畜にも同様の変化が見られる。

ベリャーエフの仮説は正しかったと言えるだろう。家畜化症候群の根底にあるのは、突然変異ではなく、攻撃性を低下させる人為淘汰だったのだ。

では、野生集団はなぜ吻部が長いのだろう。その答えはわからない。だが、何が淘汰圧となったのかを推測することはできる。野生集団では小さな脳と短い吻部を持つ個体は、ケンカに不利なために種内のライバル競争に敗れて駆逐されたのかもしれない。だが、星型の斑紋や垂れ耳、巻いた尻尾などについての適応的な説明は困難だ。寛容さの進化が一連の生理的変化をもたらし、それが他の多くの形質に二次的な影響を与えたと考えるのが妥当だろう。実際は、淘汰と多面発現が絡み合った、もっと複雑な現象なのかもしれない。

家畜化は進化過程の一つ

家畜化はヒトが意識的に進化の方向づけをするという意味では、特別なものだと考えられがちだ。だが、人為淘汰だけで家畜化が起きるわけではない。

たとえば、オオカミからイヌへの進化では、オオカミがヒトに近づいてヒトを利用するほうがよいと気づいた時から、家畜化が始まっているのだ。ベリャーエフの研究からの示唆は、オオカミに必要だったのは、ヒトへの恐怖心に耐える能力だ。これをヒトから見ると従順性となる。従順性を発揮することで、オオカミはイヌへと進化する最初のプロセスを自ら選んだことになる。これが自己家畜化だ。ベリャーエフは、自然条件下では長い時間（たぶん数万年）を要する家畜化の時期を、オオカミの代わりにキツネで、短時間に圧縮して見せた。

古くから家畜化されてきた動物のほとんどは、自らが従順性を獲得したために、家畜化が可能だった。ヒトが「間引き」や「交尾相手の選択」などの人為淘汰の手法を使って育種を始めたのは、その後のことだ。

ヒトにおける家畜化症候群

ヒトが家畜化されているという言い方は、矛盾しているかもしれない。一般的な語法では、ヒトがヒトを家畜化するという言い方になるからだ。だが、ヒトと類人猿や旧人の化石とを比較することによって、ヒトにも動物と共通の家畜化症候群が存在することがわかってきた。
①家畜は野生種よりも小型になる。家畜化が落ち着いたあと、人為淘汰によって大型の品種を作ることも可能だが、最初に小型化することは共通している。ホモ・サピエンスの身長は数百年前よりも高くなっているが、これは栄養条件の向上が原因だ。四〇万年前のホモ・サピエンスは二〇〇万年前のホモ・エレクトスよりも小型だ。ホモ・サピエンスはおよそ一万二〇〇〇年前の更新世の終わ

り頃にも小型化した。
②家畜は野生の祖先より吻部の突出が小さくなる傾向がある。初期の人類は、猿人よりも顔が小さいし、中心部が短くなっている。過去一万年にわたって、ホモ・サピエンスも顔が平たくなり続けている。
③家畜ではオスとメスの体格の差が小さくなる。オスがメスをめぐって競争しないからだ。ホモ・サピエンスのオスも過去三万五〇〇〇年の間に、体格だけでなく顔の大きさ、犬歯の長さ、顎の大きさが小さくなり、メスの体格に近づいていった。
④家畜は脳が小さくなる。人類の頭蓋骨の容量も三万年前から小さくなった。認知能力が低下したというわけではなさそうだが。
ホモ・サピエンスに家畜化症候群が見られることや、チンパンジーがホモ・サピエンスよりもずっと攻撃的であることなどから、我々ホモ・サピエンスの祖先は、現代人よりもずっと攻撃的だったと考えられる。ところが、何らかの理由で我々は家畜化され、平和的になったのだ。

第14章 家畜化はどこまで許されるか

かなり前（一九九八年）のことだが、茨城県で渓流沿いに山道をドライブしていた時、衝撃的な場面に出くわしたことがある。渓流に生息する昆虫類を調べるために、数日に一度は通っていた道である。その日、五〇羽ほどの白いニワトリが道にも谷にも散らばっていたのだ。どのニワトリも足を引きずりながら車を避けようとするか、うずくまったままだ。飛んで逃げるものはいない。よくみると、ほとんどのニワトリは足の裏や関節に異常があって歩けないのだ。養鶏場で飼われていたブロイラーの異常個体が違法投棄されたことは明らかだった。その後、その道を通るたびにニワトリたちは数が減っていき、ほぼ二週間で消えてしまった。おそらく野犬やキツネ、イタチ、テンなどに捕食されてしまったと思われる。

この事件に関して、記憶に残った疑問がいくつかある。一つは、養鶏業者が異常個体を廃棄するなら、ヒナの時期にそうすべきだろう。かなり大きくなったブロイラーだったが、そこまで育てるコストをかけたのはなぜだろうか。もう一つの疑問は、ヒナの段階では異常が発現しないのだろうか。もしそうなら、その病気の原因は何だろう。

最近になって、ブロイラー飼育の実態を知る機会があった。といっても現場をツブサに見たわけではなく、インターネットや論文などからの情報であるが、昔見た光景の裏にこんなことがあったのかと、やっと話がつながった気がした。

採卵鶏と肉用鶏

日本には、軍鶏類、地鶏類など五〇以上の地方品種があるが、市場の大部分を占めるのは採卵鶏の白色レグホン（白卵）、肉用鶏のブロイラー（プリマスロックとコーニッシュの交雑品種）だ。いずれもオランダやドイツから原品種を輸入して増殖したものである。アニマルウェルフェア（後述）の観点から世界的に批判されている養鶏産業の主要な問題がある。採卵鶏においてはオスのヒヨコの殺処分やバタリーケージを使った飼育の弊害、肉用鶏では過密飼育から来る感染症などだ。

採卵鶏のオスは、卵を産まず、食用にも適さないことから、オスのヒヨコは欧米では性別を鑑定した直後に破砕機などで処分される。日本では生きたままのヒヨコをゴミ袋に詰め込んで冷蔵し、産廃業者に処理を依頼しているようだ。

バタリーケージは、採卵鶏の飼育システムの一つで、ワイヤーでできた狭いケージに数羽のニワトリを入れて卵を産ませる。ケージに入れられて動きを制限されたニワトリは足を骨折したりするなど、外傷が起こりやすい。

いっぽう、肉用鶏のヒナは性別を問われず、農場に運ばれて四〇〜五〇日を過ごした後、屠畜場《とちく》に出荷される。伝統的な品種の場合、一二〇日かけて二〜四キログラムの親鶏にまで成長するのだが、ブロイラーは筋肉が四〇日で親鶏のサイズになるように、高カロリーの飼料で育てられているのだ。四〇日では、骨格や内臓はまだ幼鳥の段階にあり、歩くことも難儀することになる。スーパーではブロイラーを「若鶏」と称して売っているが、実はこういう意味なのだ。

ブロイラーは室内の地面の上で飼育される。「平飼い」と呼ばれる方法だが、健康的というわけではない。ヒナが小さいうちはスペースがあるが、ヒナが大きくなるにつれ、急速にぎゅうぎゅう詰めの状態になってゆく。一度ヒナを入れたら屠畜まで一度も糞尿を取り除くことはないので、地面の砂は、ベトベトになり、その上に糞尿《ふんにょう》と抜けた羽が溜《た》まっていく。このような環境で、過密による感染症が多発するのだ。とくに、足の障害が出やすいこともわかっている。ヒナたちが四〇日をなんとか生き延びられるのは、ワクチンと抗生物質が大量に使われているからだ。

これで、ようやく昔の疑問が解けた気がした。養鶏業者は感染個体を投棄したのかもしれない。あるいは、屠畜場に運搬する途中で何らかの事故があって、ブロイラーたちが車から飛び出してしまったのではないか。もしかしたら、異常個体に見えたのは、養鶏業者にとっては普通のブロイラーだったのかもしれない。モモ肉、ムネ肉にまで解体してしまえば、脚の異常などはわからないからだ。

アニマルウェルフェア

欧米の畜産先進国は、家畜の自由を奪うことで畜産物の生産効率を高めてきた。その典型がケージ養鶏システムだが、ブタやウシでも状況はよく似ている。しかし、二一世紀になると、このような工場的生産システムから脱皮して、アニマルウェルフェア畜産へと舵《かじ》を切ろうとしている。アニマルウェルフェアとは、家畜の誕生から死を迎えるまでの間、ストレスをできる限り少なくし、健康的な生活ができる飼育方法をめざす考え方である。

アニマルウェルフェアの枠組みとして世界の共通認識となっているのは、一九六〇年代にイギリスで生まれた家畜が持つべき権利「五つの自由」である。

①　空腹と渇きからの自由
②　不快からの自由
③　痛みや傷、病気からの自由
④　正常な行動を発現する自由
⑤　恐怖や苦悩からの自由

これらの家畜の権利を中心としてアニマルウェルフェアの概念が普及し、現在では、ペットや実験動物などにも適用すべきであると考えられている。

アニマルウェルフェアを先導するEUや北米における最近の進展、日本の取り組みの遅れなど、議論すべき点は多い。しかし、近年は畜産研究者による論文やウェブサイト記事が増えてきているので、他に譲りたい。小冊子ながら枝廣（二〇一八）は、よくまとめられていて異分野の者にも読みやすい。

ここでは少し視点を変え、経済効率だけを重視した「育種」がもたらす、遺伝的影響について考えてみたい。

特定の形質だけを標的にしてきた育種

ニワトリの祖先は赤色野鶏だと言われている。その年間産卵数は数十個だ。いっぽう、白色レグホンの産卵数は三二〇個。この驚異的な産卵能力は、多数の卵を産むことだけを重視して育種、つまり近親交配を繰り返してきた結果だ。消費者が異常性に気づくのは、安売り卵の殻がカルシウム不足で異様に薄いことくらいだ。しかし、ケージ飼いの親鶏のほうは、骨粗鬆症《こつそそうしょう》をかかえ、骨折も頻繁に起こしている。また、産卵鶏には卵巣癌《がん》が多発する。卵の生産に関与するステロイド系ホルモンに卵管が常時暴露されているためらしい。産卵数だけが増えるように育種しても、生殖器官や骨は多産に耐えるようには進化しないということだ。飼育環境の改善だけでは解決しない問題である。

多産性を求める育種は、ブタでも行われてきた。豚肉は、比較的安い価格で安定的に供給されるが、これは母ブタに効率よく子ブタを産ませるしくみができているからだ。母親は発情に合わせて人工授精で交配させ、一一四日の妊娠期間を経て出産する。一か月ほどで子ブタが離乳し、その一週間後に発情が再開するので、それに合わせて妊娠させる。すると一年に二・五回のペースで出産させることができるという計算になる。そして、子ブタは六か月後に出荷される。母ブタは初産が早い、出産子数が多い、再発情が早い、乳房に障害をもたない、などの理由で人為的に選抜されてきた。

このような育種によって、様々な障害に見舞われているのではないかと心配になるが、案外そうでもない。ブタは免疫力が強く、感染症への抵抗性にも、環境への適応性にも富んでいるのだ。因果関係はそれほど解明されてはいないが、ブタが家畜化されてきたプロセスに関連しているように思われる。ざっくり言えば、ブタの原種であるイノシシが現在も野生のまま世界中に健在であることだ。それにくらべ、品種のグローバルな均一化が進み、近交弱勢の影響が懸念されるウシ（乳牛、肉牛）、ウマ（競走馬）、ヒツジ（羊毛、肉用）などの家畜では、すでに原種が絶滅、あるいは絶滅危惧の状態にある。

家畜化のプロセス

動物が家畜化に至る場合、ほぼ共通して二つのルートがある。一つはヒトの居住地やゴミ捨て場に近寄ってきて、自発的な人馴《な》れから始まるルートだ。現在の日本では、アライグマ、ニホンザル、ツキノワグマ、カラス、ハト、スズメなどがこの段階にあるのかもしれない。これはまだ「片利共生」ないし「寄生」の段階だが、ヒト側が役に立つ動物であると認識し、動物のほうもヒトへの攻撃を控えるのが得策だと理解した時から「相利共生」が始まる。雑食性哺乳類の家畜化の多くはこのルートをたどったと思われる。これらの動物はヒトが各大陸に移動した時には、すでに地球上の各地に分布を広げていた。

たとえば、定住を始めたヒトにオオカミが近づいたのは、ゴミ捨て場に捨てられた食べ残しが目当てだったと思われる。ヒトは、はじめは恐怖に駆られたかもしれないが、オオカミを容認することは他の脅威、たとえばクマや大型ネコからの攻撃を避けることになるし、イノシシやシカから作物を守るのに有効だと気がついたのだろう。攻撃性の低いオオカミを見分けて餌を与え、居住地の近くへの定住を促したことで、家畜化されたイヌへの道が開けた。

もう一つの家畜化ルートは、ヒトが野生動物の集団を囲い込んで飼育するようになったことから始まる。これは、ウシやウマ、ヒツジ、ニワトリ、アヒルなどに当てはまる。ヒトの移動に伴って運ばれ、様々な地域で飼育されてきた。それぞれの地域環境下での自然淘汰と、文化に影響された人為淘汰の結果、地域特有の家畜品種が生まれた。

いずれのルートをたどったとしても、攻撃性を消し、生産性を高めるように育種が始まり、やがて野生には戻れない家畜へと変化するのが常だ。同時に原種の野生集団は弱体化し、多くは絶滅への道を進むことになる。

ブタの話にもどろう。イノシシあるいはブタは、今日に至るまで大規模な野生集団が元の生息地に残っているという、特殊な存在である。しかも、家畜化が始まった後も、ブタは各地に運ばれてさらに分布が広がり、地域の環境や人為による淘汰を受けてきた。一部のブタは逃亡して野生化している。そのため、家畜化が始まってから今日まで、ブタと野ブタ、イノシシの間の遺伝子移行がよく起こっている。ブタと野ブタ、イノシシの遺伝的な違いは明瞭でないのだ。ブタにあまり近交弱勢が見られないのは、このような遺伝子交流の歴史が関係しているのだと思われる。しかし、血統保存にこだわって隔離飼育を継続すると、ブタの丈夫さも次第に消えていくのかもしれない。

イノシシ。食用家畜動物のうち、ウシ、ヒツジ、ニワトリは家畜化が進み、原種は絶滅、あるいは絶滅寸前の状態で遺伝的な均一化が進んでいる。ブタだけは野生のイノシシが原種として健在だ。農場から逃げ出したブタは野生のイノシシと交雑可能で、繁殖能力も持つ。つまり、ブタとイノシシはまだ同種のレベルにある。

血統保存と近交弱勢

ここでは過去一五〇年の間に進んだイヌの近交弱勢について考えよう。現代のイヌの品種（ブリーダーの業界用語では犬種）のほとんどは、地方の在来品種を祖先としてごく最近作り出されたものだ。イヌが急速に多様化した原因は一八七四年にロンドンで創設されたケネルクラブにある。当初は、遺伝的に異なるイヌの系統を保存することを目的にしていたが、あっという間にそこから逸脱していった。ドッグショーが開かれ、コンテストが行われ、極端な特徴を持つ個体がチャンピオンとして表彰されることになったのだ。

たった一匹のオスイヌがチャンピオンとして何百匹という子どもの父親となることもあった。さらに、チャンピオンは自分の娘たちと交配させられた。このような近親交配が行われ、血統書が発行されてきたのだ。結果、表現形が急速に変化した。極端な近親交配を行えば、遺伝的多様性がなくなり、有害遺伝子が蓄積することは避けられない。血統が保存された品種のすべてで、遺伝性の疾患が多数見られている。そもそも極端な特徴形質が遺伝的疾患とも言えるのだ。

ブルドッグのつぶれた顔がその好例だ。ブルドッグの交配は難しく、ほとんどが人工授精だ。人工授精がうまくいってもブルドッグの子イヌは頭が大きすぎて、母イヌの産道を通れないので、帝王切開で生まれるしかない。生まれた子は、極端な短頭になり、頭蓋骨が短くなる。これが今、ブルドッグの最大の死亡原因になっている。様々な呼吸器疾患や発熱が引き起こされるからだ。

このような状況にあるのはブルドッグだけではない。遺伝的多様性を失った極端な形質をもつ子イヌは人気が高い傾向にあり、高額で取引されている。血統書付きの子イヌを求める市場に、ブリーダーが応えていることは明らかだ。救済に有効な手段は、ペットの売買をやめることだが、せめて期待したいのはケネルクラブが発行する血統書の廃止、あるいはその審査基準を大幅にゆるめることだ。

完璧な形質を求める育種は危険

ニワトリ、ブタ、イヌを例にいくつかの視点から家畜化の問題を紹介してきた。アニマルウェルフェアは、家畜やペットに、せめて飼育期間中だけは個体レベルの自由を保証すべき、という倫理的主張である。しかし、これだけでは集団レベルで起きる遺伝的問題は解決できない。

対策としては、ブタの家畜化プロセスが参考になるだろう。普及しているブタは、わずかな品種に限られているが、イノシシは野生のまま、世界中に健在である。また、家畜化されたブタには、多くの地方品種が存在する。ブタは逃げだしても野生化する能力を残しているし、野外でイノシシとの交雑も起きている。これだけの多様性があれば、遺伝的疾患を解決する素材には事欠かない。

イヌについては、オオカミや野犬、雑種の存在価値を再評価し、野生動物と家畜との遺伝子交流ネットワークを構築する必要があるだろう。ニワトリやウシ、ウマなどの原種はすでに絶滅している。せめて多くの品種を維持し、集団生物学的な視点から品種間の交配を綿密に計画することが重要になるだろう。

ブルドッグ。イヌはお産が軽く、安産の守り神として信仰する風習があるほどだが、奇抜な品種を珍重する流行の結果、難産の品種が数多くできてしまった。ブルドックなど、頭骨が大きな犬は帝王切開で生まれることが多い。他の品種でも極端な血統保存は脊髄変性や眼球異常など、様々な遺伝性疾患を引き起こしている。

第15章 サルをヒトにした淘汰圧

第12章でも書いたように、ヒトというものは、自分がヒト以外の動物よりも優れていることを常に確認しておきたいようだ。古くから、道具や言葉、医薬、二足歩行、脳の大きさなどを根拠に、ヒトが最も優秀であると宣言してきた。だが、近年になって野生動物に関する研究が蓄積されてくると、それが思い込みだったことが次々に明らかになった。かろうじて「火の利用」だけはヒトの特技と言えるのかもしれないが、調理への利用ならともかく、巨大な火力が武器に使われていることを思うとなかなか自慢する気にはなれない。

最後の砦《とりで》は「高度に発達した社会性はヒトだけのものだ、サルとは違う」という信念かもしれない。確かに人間は、チンパンジーやボノボなどの類人猿と比較すると、攻撃性がきわめて低い。言い換えれば、友好的で道徳心が発達している。これは社会の平和を育むには必須の要件だ。しかし、最近の動物行動学や人類学が明らかにしつつあるのは、ヒトの社会性を進化させた淘汰圧は「道徳心」ではなく、「処刑」という不穏なメカニズムだったのかもしれないということだ。

ヒトが動物と明瞭に違う特徴はその社会性にあるという認識は、古代ギリシャにまで遡ることができる。アリストテレスは、ヒトや家畜は同種の他個体に対して親和的だが、野獣は攻撃的だと考えた。さらにこの考えは文明人と野蛮人の線引きにも使われている。ギリシャ人やペルシャ人のように文明社会に暮らすヒトを、攻撃性が低い家畜たちと一緒に向社会的なカテゴリーに入れ、文明社会に入ろうとしない狩猟採集民と野生動物(＝野獣)を反社会的なカテゴリーに分類した。この尊大な見方が西洋の人種差別主義につながり、二〇〇〇年以上も続いてきたのだ。古代中国でも、自国を中華、周囲を東夷、北狄、西戎、南蛮と呼んで野蛮人扱いしてきた。日本人もその考えに影響されてか、選民意識がかなり強い。戦後になって、ようやくその誤りが指摘され、部落差別、在日差別などが問題視されたが、まだ表面的な解決にとどまっている。

ヒトの自己家畜化

ヒトの家畜化を進化の問題として初めて考えたのは、チャールズ・ダーウィンだった。ダーウィンは『人間の進化と性淘汰』（一八七一年）の中で、文明化したヒトが高度に友好的であるのは、長いあいだ家畜化されてきた動物と同様の進化が起きたからだと述べている。言い換えれば、文明化したヒトは家畜化によって利他的になったが、野生動物は家畜化という進化を経験していないので、利己的なのだという意味だ。

だが、ダーウィンの進化論は単純な弱肉強食説と受け取られることが多く、利己的な個体が常に優位に立つと主張しているように聞こえる。ダーウィンが抱えた悩みは、ヒトが社会性（利他性）を高度に進化させた淘汰圧が何なのか、わからないことだった。遺伝学との接点を持てなかったこともあって、ダーウィンの人間家畜化論は未完成のまま終わる。

利他的行動が進化するのは、それが個体の遺伝子を拡散する効果があるからだ。利他的行動は主に二つの方法で遺伝子を広める。一つは、自分の遺伝子を共有する血縁者を助けること、もう一つは、お返しに助けてくれるか、見返りを期待できる相手に親切にすることだ。前者は「血縁淘汰説」、後者は「互恵説」（第4章参照）と呼ばれ、互いに補完しあって、多くの動物の利他行動を説明してきた。アリやハナバチなどの社会性昆虫に限らず、多くの哺乳類や鳥類でも血縁個体の生存や繁殖を助ける種は普通にいる。血縁のない個体に対しては、助けないどころか、排他的な行動を示すことも多い。親切は血縁者に限るという説だ。だが、血縁がない場合であっても、同じ個体との付き合いが続く場合には、助け合いの行動が発生しやすい。ただ、同種個体間の互恵性は証明が難しく、互恵性が進化する証拠の多くは異種間の相利共生関係に見ることができる。

不思議なのは、ヒトに見られる利他性は動物行動学が説明できるレベルにとどまらないことだ。血縁のない個体にも、見返りを期待できない場合にも、親切に振る舞う場合が多いのだ。たとえば、ヒトには「盗みは悪だ」という道徳規範がある。この規範は、家族、国、人種を問わず、すべてのヒトの共通の社会ルールだ。散歩の途中で、大金の入った財布を持ち歩いている人物がいて、他に人目がない場合でも、その財布を奪うことは悪と判断される。だが、このルールはチンパンジーには通用しない。見知らぬチンパンジーがたくさんの食べ物を抱えて目の前を通れば、奪ってしまうのがルールだろう。この人物から財布を奪わない理由は、通常の動物行動学的な理解では見つからないのだ。

深沢七郎の『楢山節考』（一九五七年）では、姥捨《うばすて》山に赴く老婆の心理が描かれている。自分が死ぬことで、残った村人が生き残るための食糧を残そうとしたのだ。ヒトは行動生態学的に考えられるよりも大きめの利他性を発揮する。ヒトが自分は動物ではなくヒトだと感じるのは、そういうところだろう。であれば、サルがヒトになった進化的な理由を知りたいではないか。

衝動的攻撃と計画的攻撃

ヒトに見られる攻撃性は、衝動的攻撃と計画的攻撃という二つのタイプに区別できることがわかっている。研究例は少ないが、動物でも同様のようだ。衝動的攻撃とは、差し迫った危機に対する緊急の反応だ。闘争や逃走行動につながり、生理的反応としては、交感神経系の活発化、アドレナリンの放出、瞳孔の拡張などがある。一方、計画的攻撃では同じような生理反応は起きない。慎重に計画を練ることと、攻撃の際の無感情などが特徴だ。厳密に区別できるわけではないが、簡単に言うと、喧嘩と狩猟の違いだ。たとえば、ネコどうしが喧嘩する時とネズミをいたぶる時の精神状態の違いだ。あるいは、衝動的か計画的かで殺人事件の量刑が異なることを思えば、わかりやすいだろう。

ヒトは社会的動物だと言うが、どんな場合も攻撃性が低いわけではない。ヒトの特徴は、他の動物に比べて衝動的攻撃性がきわめて低く、計画的攻撃性がきわめて高いことだ。なぜこのような特徴が進化したのか、いくつかの仮説を検討してみよう。

群淘汰仮説

ヒトの社会はいくつかの家族が集まった部族から始まったと考えられる。農業革命よりもはるか以前、狩猟採集の時代からのことだ。食糧や住み場所をめぐって家族間の争いは絶えなかったはずだ。そこで、複数の家族が結束して部族を形成することで、家族だけでは勝てなかった争いに勝利できるようになった。

部族の内部では、特定の個人が、他の人たちに比べて利他的に動くからといって、多くの子孫を残せるわけではない。だが、皆の親和性が高く、部族を愛して助け合い、部族の共通の利益のために自己犠牲的に働けば、他の部族よりも強く結束できるにちがいない。特に隣の部族との争いでは、自己犠牲的に戦闘に関われば、結束力の高い部族は生き残り、身勝手な個体ばかりの部族は消えていく。その過程で、人々は部族内部に対しては親和的に、外部に対しては排他的になったというのが群淘汰仮説だ。

結束力から生まれた自己犠牲が外部への攻撃力を高めるという話はもっともらしく聞こえる。敵と味方を鮮明に区別するスポーツ映画や戦争映画で人気のあるテーマだが、自己犠牲が集団内部への攻撃性を低下させるという証拠はない。自己犠牲的な集団が存続するには、個人の自由を束縛するような文化的あるいは政治的な圧力が常時必要なのだ。

進化理論としても致命的な欠陥がある。それは利他的集団が裏切り者の繁栄を許してしまうことだ。利他的個体からなる集団の中にも、自己犠牲を拒否し、他の利他主義者を利用しようとする利己的な輩《やから》が、ほぼ必ず出現する。突然変異個体かもしれないし、よそからの移入個体かもしれない。そのような利己的な個体は、他の個体より生きのこるチャンスも、子をつくるチャンスも大きいはずだ。さらに、その子供たちは利己的な性質を受け継ぐ傾向がある。何代かの自然淘汰を経ると、たぶん、この集団は利己的な個体ばかりの集団に変わってしまうだろう。

評判仮説

著名な進化生物学者のリチャード・アレグザンダーは「評判」が重要だと考えた。評判とは個人の特性をまわりの複数のヒトが評価し、共有することだ。ヒトの言語能力が高まり、噂話《うわさ》ができるくらいまでになると、生活する上で評判が重要になる。良い評判を得て、集団のメンバーに有益な人として知られることは、人生の成功に大きく影響するからだ。噂が広まると、我も我もと友好的な行動が集団に広がり、攻撃性は抑えられるに違いない。それで結果的に配偶者を得る可能性を高めたり、子孫の数が増えたりするのであれば、評判を気にすることが遺伝的変化をもたらす淘汰圧になりうる。

だが、この仮説にも問題がある。噂話を気にするだけでは、悪評を気にもかけない手合いの乱暴狼《ろう》藉《ぜき》を防げないのだ。彼らは概して体が大きくて図々しいので、暴力を使って欲しいものを他人から勝手に奪う。憤慨されてもおかまいなしだ。噂話は抑止力にならない。彼らを止めるには、誰かがやり返すか、押さえ込むしかない。その続きは、もっと強い者が出てきて、絶え間なく争いが続く。そして、最強の支配者だけが生き残る。評判が良いだけでは支配者に勝てないのだ。

いま紹介した二つの仮説は直感的にわかりやすくて、初めて聞いた時は思わず納得してしまいそうだが、論理的な不備が露呈してしまった。完全な間違いというよりは、何かが足りないのだ。おそらく、集団の存続や個人の社会的成功というヒトの成功願望だけで平和がもたらされると想定したのが間違いのもとだ。平和と平等を破壊する裏切り者や支配者の身勝手のほうが、はるかに影響力が大きいからだ。

であれば、ヒトが自己家畜化したのは、裏切り者や暴君を排除する強力な淘汰圧として「処刑」が機能したからだと考えるべきだろう。

少数民族の死刑制度

もちろん、国家や法が機能する近代・現代の話ではない。サルがヒトになり始めた約四〇万年前から定住生活が始まる一万年前まで、つまりホモ・サピエンスの歴史の大部分を占める、小規模集団で生活していた期間が重要だ。その中で、なぜ処刑が家畜化に有効だったのかを理解する必要がある。人骨化石があれば、その仔細《しさい》な検査から死亡原因がわかることもあるが、化石の数はわずかしかない。他の参考になる情報源は、人類学者が集めた世界各地の狩猟採集民における処刑の記録だ。

文化人類学者のキース・オターバインは処刑を「政治的共同体の中で罪を犯した人物を共同体が認める方法で殺害すること」と定義して集計し、さらに人類生態学者のクリストファー・ボームが情報を追加した結果、処刑は小規模社会に普遍的な事象だということがわかった。特に記録が多いのは、イヌイット、北米先住民、ニューギニア原住民、アボリジニ、アフリカの狩猟採集民だ。

狩猟採集民や焼畑農業民などの小規模集団は支配者のいない社会であり、個人どうしの結びつきでつながっている無政府的な平等社会だ。争いごとは共同で解決されるので、個人は社会的に守られている感覚を強く持っている。中央集権的な圧政に影響されないため、小規模社会の生活は、概して自由と平等に囲まれている。

だが、小規模社会の自由にはそれなりの危険がつきものだ。そのことは狩猟採集民に支配者がいないことが物語っている。支配者は処刑の対象になりやすいのだ。二つほど例を挙げよう。

カラハリ砂漠にジュホアンシ族という平和的な狩猟採集民が住んでいる。ところがある時、三人の村人を殺した凶暴な男が出た。村人たちは相談して数人の屈強な男たちを選んで待ち伏せさせ、致命的な怪我を負わせたのだ。次に、倒れている男のところへ村人たちが大勢集まって、毒矢を雨あられと放って殺してしまった。乱暴者は処刑される危険性をかかえているということだ。

アマゾンの狩猟採集民のヤマノミ族で記録された例も興味深い。村人はある男の横柄で暴力的な行動に絶えず悩まされていたが、逆上されるのが恐ろしくて止めることはできなかった。ある日、村人たちは暗殺計画をたて、男をおだててハチミツを採るために高い木に登らせた。木登りには武器は邪魔になるので置いて行くしかないが、男はそれが罠《わな》だとは気づかなかった。暗殺者たちは武器を持たない男が木から降りてくるのを待って殺したのだ。共謀者たちは、自分の安全を確保しつつ、処刑を実行するのだ。

「処刑」仮説

処刑仮説は、ヒトが自己家畜化した淘汰圧は処刑だったと主張する。処刑への恐怖は明らかに攻撃性を制御する効果がある。刑罰は世界中どこでも有用な役割をはたしている。すべての文化は、子供たちを褒めるよりも刑罰を利用してしつけてきた。処刑の恐怖が調和と抑制の精神を育てていることは確かだ。

だが、処刑仮説の焦点はそういう教育の問題ではない。攻撃性の遺伝的変化に関する問題だ。サルがヒトへと進化する数十万年の間に、衝動的攻撃性の強い暴君が多く処刑されたために、ヒトは穏やかで攻撃性が少なくなるように進化したと考える。どのくらい多くの乱暴者が処刑されたのか測定不能なため、証明は難しいが、この仮説の支持者は少しずつ増えているようだ。

計画的攻撃性の進化

処刑仮説はさらに別の予測を導く。その一つは言語能力の向上だ。数人が共謀して特定の個人を殺すには、言語が必要になる。小規模集団のルールに従わない凶暴な支配者を批判し、嘲るような噂話が共謀の始まりとなる。そのためには高度な言語能力が必要である。その理由は明らかだ。最初に共謀を提案した者が、まず命の危険に晒される。追随者も同様の危険を犯すことになる。暗殺計画は支配者に知られてはならない。発案者は噂話の段階で互いの感情を探りあい、共謀の人選は慎重にも慎重を期すべきだ。共謀を察知されて密告される可能性もあるからだ。

暗殺計画は全員で練り上げて調整しなければならない。共謀者は何度も集まってこっそりと話し合い、信頼関係を築く。信頼関係ができた後は、足並みを乱すものは全員の意思決定で殺されるという合意までつくられる。おそらく、小規模集団で見られる支配者の処刑では、必ず繰り返されるプロセスだ。

言語が複雑になり、微妙なニュアンスまで表現できるようになった理由はこのあたりにあるのではなかろうか。暗殺共謀者間の言葉のやり取り、弱者を支配しようとする暴君とのせめぎ合いが微妙な言葉使いを磨いた。ヒトが嘘をつくようになったのも、この頃のことかもしれない。言葉のおかげで弱者たちは一つの計画に同意し、危険になりうる支配者との直接対立を避けて、ほぼ安全に支配者を殺すことができたのだ。

その後の自己家畜化

凶暴な支配者を減らす淘汰が三〇万年以上も続いたことで衝動的攻撃性が低下し、ヒトの生活は次第に穏やかになった。いっぽう、個人が意見交換できるようになると、言葉を使って同盟関係を築けるようになった。そして、主導権は凶暴な支配者からそれまでの被支配者たちに移った。新たに権力を握って社会を支配したのは長老たちだ。

長老たちが支配する集団はしだいに大きくなり、道徳感覚も生んだ。おそらく、一万年前の農業革命の頃だ。乱暴者、掟破《おきて》り、卑怯《ひきょう》者、嘘つき、無作法という評判は危険なことだった。共同体のしきたりを守らない者は、長老たちの利益を損なうので、村八分や追放、あるいは処刑されることもあった。その効果として、個人は集団なしには生きられないことを自覚させられ、他人の利益を尊重すること、意見の同調を保つことがきわめて重要な生存戦略になった。集団の圧力に対する自己防衛のために道徳感覚が進化したのだ。群淘汰仮説や評判仮説が我々の直感に訴えてくるのは、このような道徳感覚の進化が背景にありそうだ。

近代的な国家が機能しているのは、このような自己家畜化と道徳感覚に依存しているからだ。国家権力にとって隣国は自国の富を略奪しようとする野蛮人の集団だ。しばしば国の権力者は、仮想敵国を捏造《ねつぞう》し、家畜化された国民の道徳感覚を利用して国内の結束を高めようとしてきた。これが戦争、奴隷制、ジェノサイドなど、様々な形の暴力がもたらされた原因だ。

社会がさらに大きくなって法治国家が形成されると、淘汰圧の重点は処刑から警告や罰金、投獄に変わった。この変化によって、これからヒトの衝動的攻撃性はさらに低下し、計画的攻撃性がさらに高くなるのだろうか。それとも逆転現象が起きるのか、まだわからない。家畜化のレベルは、支配者と被支配者との共生関係、それに国家間のパワーバランスの反映だからだ。

進化は、我々が求めようとする平和な社会の姿を教えてはくれない。ましてや、我々の都合の良いように進化が起きるわけでもない。集団も個人も常に権力争いに興味があるという条件の中で、どのような社会システムを築けば平和で平等な世界になるのだろう。ヒトの永遠の課題だが、そのヒントを得るには、どうやら進化の舞台裏まで理解する必要がありそうだ。

第16章　ヒトの進化は感染症と共に

感染症の歴史

古来、ヒトはくりかえし流行する感染症に苦しめられてきた。我々の多くは、感染症との戦争に勝利し続けてきたのだと思い込んでいるが、本当にそうだろうか。根絶に成功したと考えてよい感染症はいくつかあるが、完全な勝利はほとんどなかった。病原体はヒトの行動に合わせるように病原性を進化させ、いっぽう、ヒトは感染を避けるように、公衆衛生や免疫系、医療を進化させてきた。戦争にたとえるなら、「勝利した」というより、「持久戦に持ち込んだ」というべきだろう。ヒトと病原体の関係は、止むことのない軍拡競争によって共に進化し続けているのだ。

二〇一九年、新型コロナウィルス感染症（COVID-19）がパンデミック（世界的流行）を起こした。古くからの悪名高き感染症は、日本では結核と天然痘（痘瘡《とうそう》）、ヨーロッパではペスト、アフリカ・地中海域とアジアでは結核やマラリア、中南米は梅毒や天然痘などだ。そして最近はウィルス感染症がしばしばパンデミックを起こす。これらは、医療だけでなく、政治や経済にも重大な問題を引き起こしてきた。

感染症流行の様相は、関与する病原体の分類群（ウィルス、細菌、原生動物、寄生虫など）によって大きく異なっている。感染症の専門家には単純化しすぎだと叱られそうだが、生態学的な視点で、誰でも知っている古典的な感染症を、大局的に整理してみよう。

ウィルス類

ウィルスは細胞を形成していないので、生物の定義からは外れるが、遺伝子（DNAまたはRNA）を持っているので非生物とも言えない存在だ。代謝系を持たず、他の生物の細胞に寄生したときだけ増殖できる。ウィルス感染症の特徴は、ウィルスが宿主の細胞を直接破壊することだ。ウィルス感染症には、インフルエンザ、ウィルス性肝炎、AIDS、エボラ出血熱、黄熱、狂犬病、SARS、帯状疱疹《ほうしん》、デング熱、天然痘、風疹、ポリオ、麻疹、ウェストナイル熱などが含まれる。ウィルスは積極的に宿主を求めて動くわけではなく、濃厚接触や飛沫《ひまつ》などを介して、感染するものが多い。ここでは、天然痘と麻疹について考える。

〔天然痘〕

天然痘の起源は不明だが、古代エジプト王朝のファラオ、ラムセス五世のミイラに天然痘の痕があることから、紀元前一一〇〇年頃には流行があったと考えられる。日本では六世紀半ばから流行し始めた。遣唐使による中国との交流や、朝鮮からの渡来人が増えた時期だ。

天然痘は、エドワード・ジェンナーが一七九六年に種痘による予防に成功したこと、それがルイ・パスツールによるワクチン療法の開発につながったことで知られている。ワクチンによって、天然痘の制圧が成功し、一九八〇年にはWHO（世界保健機関）による撲滅宣言が出されている。その後、すべての伝染病はワクチンの予防接種で根絶できるかもしれないと期待されたが、天然痘以外では、そこまでの成功は見られていない。なぜ天然痘だけが撲滅に成功したのだろうか。

ウィルスの多くは人獣共通の宿主に感染するが（たとえばサルと共通のエボラ出血熱、鳥と共通の鳥インフルエンザなど）、天然痘ウィルスの宿主はヒトだけだ。また、媒介する昆虫などもいない。そのため、病原体と宿主を一対一の関係として捉えることができた。生物のネットワーク構造を考えずにすんだことが、一つの幸運だったと思われる。

もう一つの幸運は、天然痘ウィルスがDNA遺伝子を複製するウィルスだったことだ。ウィルスはDNAウィルスとRNAウィルスに分類できる。遺伝子が増幅されるときに、しばしば複製エラーが起きるが、RNAウィルスでは、エラーがそのまま蓄積されてゆくので変異しやすくなる。毎年のように新型のインフルエンザウィルスが流行するのはそのためだ。DNAウィルスではエラーを修復する機構が備わっているので変異しにくい。同じワクチンを長期間にわたって使うことができたのだ。これらの性質があって、天然痘を制圧できたのだと考えられる。

〔麻疹《はしか》〕

麻疹ウィルスはヒトだけに感染するRNAウィルスだが、塩基配列の比較によって牛疫ウィルスと同じ起源を持つことがわかっている。約一万年前、ウシが家畜化される過程でヒトに宿主転換した麻疹ウィルスへ進化したと考えられている。感染経路は空気感染、飛沫感染、接触感染で、感染力が非常に強い。

麻疹は、誰でも一生に一度は罹《かか》る病気だが、一度罹れば二度と罹らない「二度なし病」と言われた。幼児が罹りやすく死亡率も高かったことから、江戸では七五三の祝い事が始まったと言われている。七歳まで無事に育てば、麻疹の心配から解放されたのだ。

麻疹には特別な治療法はないが、ワクチン接種で予防可能な感染症である。幼児期に行われる集団予防接種で、ほぼ確実に予防できる。日本政府の方針が時代によって変わったものの、一九七六年ごろから開始された集団予防接種のおかげで、流行の規模がどんどん小さくなってきた。

ところが、二〇〇七年には高校生や大学生に多数の麻疹感染がでている。彼らは幼児期にワクチン接種を受けていたので、抗体を持っているはずなのだ。この不思議な現象から、「二度なし病」のメカニズムがわかってきた。二度なし病では、感染した患者に免疫ができる。しかし、その免疫の強さは時間とともに減少してゆく。感染者が減少してほとんどいなくなり、ウィルスとの接触がなくなると、免疫が次第に弱くなる。あるレベル以下に弱くなってしまうと、ウィルスに接触することで感染してしまうのだ。ただし、ある程度の免疫力があれば、侵入したウィルスを撃退し、気を取り直したかのように免疫力を追加できる。ワクチンは、感染者が少なくなると有効性が失われる予防法なのだ。言い換えると、「二度なし病」は宿主と病原体が共生している時に生じる現象だったのだ。

細菌類

細菌は核のない単細胞生物だ。細菌は宿主細胞に寄生するが、宿主細胞を直接破壊するわけではない。細菌に侵入されて変質した細胞を、宿主はもはや自分の細胞だとは認識せず、異物として攻撃し、排除する。周囲の細胞も巻き添えで攻撃される。江戸の火消しが、火事の広がりを防ぐために、まだ延焼していない家まで壊すようなものだ。そのため、細菌感染症は重篤化しやすい。サルモネラによる食中毒、コレラ菌による激しい下痢、破傷風菌によるてんかん発作、ボツリヌス菌の弛緩性まひなど が知られている。ここでは、結核菌とペスト菌について考えよう。

〔結核菌〕

結核菌は一八八二年にロベルト・コッホによって発見された。結核の最も古い記録（紀元前七〇〇年ごろ）は中東で発見されているので、そこから中国、朝鮮半島を経由して、弥生時代中期に日本へ伝わったと考えられている。

感染様式は飛沫核が肺に入る空気感染。感染しても宿主の免疫力が高ければ発症することは少なく、無症状であるのが一般的だ。感染者の約一〇％（免疫力の弱い幼児や高齢者が多い）が発病するが、発病した場合は、肺などの呼吸器官の発症が顕著で、放置すると死に至る可能性が高い。発症した宿主の細胞に対して、宿主が免疫反応を起こし、傷ついた自分の細胞を排除しようとして重篤化するからである。

歴史的に有名な結核の大流行は、産業革命後の労働者たちに起きたイギリスでの感染流行、紡績工場の女工に起きた日本での流行などだ。いずれも長時間労働による過労、低賃金から生じる栄養不良による免疫力の低下と労働者の集団生活が重篤化の原因だった。

結核は抗生物質、労働環境の改善などによって減りつつあるが、世界的には今でも死者の多い感染症だ。ＷＨＯの推計によると、二〇一六年には一七〇万人が死亡している。その多くは、低所得者層が多い南アジア、東南アジア、アフリカ諸国での発生だ。

〔ペスト菌〕

ペストは、ヨーロッパを中心に何度もパンデミックを起こした感染症である。とくに、一四世紀のパンデミックでは世界中で一億人が死んだ。この流行は、中国から始まり、シルクロードを経由してヨーロッパに広がったと言われている。中国では人口を半分にするほどの猛威を振るい、チンギスハーンの末裔《まつえい》が支配していたモンゴル帝国の分裂と衰亡の原因となった。ちなみにヨーロッパの人口はパンデミック前の半分に、世界の人口は四分の一減少した。

ペスト菌の宿主はクマネズミであり、ペストはネズミの集団の中で流行する感染症である。ネズミから感染した場合を腺ペスト、ヒトからの感染を肺ペストと呼んで区別する。ネズミからヒトへの感染は複雑で、次のように想定されている。ネズミノミはイヌやネコにも付いて刺し傷から吸血することがあるため、ネズミ集団にペストが流行すると、イヌやネコにペストが感染する。次にイヌノミやネコノミがヒトを刺して感染させる。そして、ヒト間の感染によって大流行が起きる。ヒトノミやシラミが媒介したかもしれないが、接触感染と飛沫感染も重要な感染ルートだ。接触感染の場合、感染者の体から体液が染み出し、衣服にもつく。これらに触れると菌が移り、感染が起きる。飛沫感染の場合、肺炎になった感染者の咳《せき》や血痰《けったん》、唾の飛沫を浴びると感染が起きる。

ペストの治療は患者の隔離と抗生物質（テトラサイクリン、ストレプトマイシンなど）による。有効な予防ワクチンはない。一八世紀以降、ペストはヨーロッパでは下火になったが、その理由はクマネズミの減少だと思われる。ドブネズミが増えてクマネズミが駆逐されたと説明されることがあるが、なぜネズミの種が入れ替わったのか、よくわかっていない。一九世紀後半にはアジア、アフリカ、アメリカで再発しており、消滅したわけではない。

原生生物・寄生虫

原生生物は真核をもつ単細胞生物である。原生生物による感染症にはアメーバ赤痢、マラリア、トキソプラズマ症などが知られている。寄生虫（多細胞生物）も危険な感染症を起こすことがあり、エキノコックス症、日本住血吸虫症、フィラリア症、回虫症などが知られる。ここではマラリアについて考える。

〔マラリア原虫〕

マラリア原虫の最も古い証拠は、約三〇〇〇万年前の蚊の化石から見つかっている（ちなみに、最古の蚊の化石は一億七〇〇〇万年前のジュラ紀）。霊長類からホモ属が分かれた二〇〇万年前には、すでにマラリア感染症があったと思われるが、その流行の程度はわからない。しかし、ヒトが農耕や動物の家畜化を開始した約一万年前の中東で、マラリア原虫は大増殖したと推定されている。マラリア抵抗性の遺伝型（鎌形赤血球症など）がミイラのDNA分析から見つかったのだ。これは、エジプトを含むアフリカ北部や西アジアで、マラリアが長期にわたってヒトの生存に影響したことを意味する。そうでなければ、このような抵抗性が進化するとは考えにくい。灌漑《かんがい》などの農耕技術の発展、人畜の糞尿の放置などが重なって、ヒトの集落は蚊にとって絶好の繁殖環境だったに違いない。

マラリアに苦しめられた長い歴史にもかかわらず、それが原生動物のマラリア原虫による感染症で、ハマダラカがマラリア原虫を運んでいるとわかったのは、ようやく一九世紀末のことである。

マラリア原虫、ハマダラカ、ヒトという三角関係の解明が遅れた理由の一つは、マラリア原虫の生活史の複雑さにある。つまり、マラリア原虫という寄生生物は血液を提供してくれる哺乳類と、哺乳類の血液へと運んでくれる昆虫の両方を宿主にしているのだ。そのため、全く異なる二種類の動物の免疫反応をかいくぐって繁殖する必要がある。しかも、動物に寄生している間は無性生殖、蚊の体内では有性生殖を行うので、形態も生理も変わってしまう。動物と蚊の中に同じ形態のマラリア原虫を見つけようとしても難しかったのは道理だ。

もう一つの理由が、世界中で二五〇〇種もいる蚊の種数の多さだ。ハマダラカ属に限っても四六〇種もいて、ほとんどが世界中に分布している。ヒトにマラリア原虫を媒介するのはそのうちの約四〇種。形態から種を同定するのは昆虫学者ですら困難で、経験を積んだ蚊専門の分類学者でなければ難しい。医学者と分類学者の間に協力関係が作れなかったことが災いした。

マラリアに抗生物質やワクチンは使えない。人体に影響しない抗マラリア薬の開発も困難だった。キニーネなどの抗マラリア薬には強い副作用があるが、太平洋戦争中に米軍などによって多用され問題を起こしている。一九七二年に中国人研究者・屠呦呦が、漢方薬として知られていたクソニンジン（キク科ヨモギ属）という薬草から副作用が少ないアルテミシニンを発見した。近年ではアルテミシニンが使われることが多く、マラリアによる死亡率は減少しつつある。

パンデミックはなぜ起きるのか

ヒトはその歴史の始めから、多くの病原体に囲まれて生活していた。そして、病原体との共生を続けることで、侵入者を発見し殺すための生理機構を進化させてきた。皮膚や涙、胃液、白血球、リンパ球などがそうだ。こうした免疫防御の発達は病原体によって促された。病原体と宿主の力は長い時間をかけて拮抗《きっこう》し、安定した関係が保たれてきたのだ。

しかし、都市の過密化、糞尿放置による衛生環境の悪化、階級制による貧困、移民政策や帝国主義、侵略戦争、奴隷貿易、民族大移動、巨大化した国際貿易がヒトの社会構造を変え、そのたびに病原体に大増殖の隙を与えてしまった。

それに対して、ヒトも都市衛生のインフラ整備、医療の発達やワクチン開発、健康管理などで対抗してきた。しかし、どんな対策を打っても、病原体を完全に滅ぼすことはできない。逆に、病原体もヒトのすべての防御を破ることはできなかったようだ。軍拡競争に取り残されないように、やられたら、やり返すしかない。その繰り返しによって共進化が続いてゆくのだ。

病原体との共生とはどういうことか

ヒトと病原体は互いに軍拡競争をくりかえしながら共生してきた。ヒトが農業革命、交易の開始、産業革命など、新しい行動を始めると、そのたびに感染症のエピデミック（地域的な流行）やパンデミック（世界的な流行）が誘発されてきた。ヒトの活動の変化によって、病原体に有利な環境がうまれたからである。

しかし、激烈な感染症流行があっても、しばらくすると沈静化することは古くから知られている。だが、感染症の原因が、ウィルスや細菌などの病原体であることを理解し始めたのは、この二〇〇年のことである。ようやく我々は、感染症が沈静化するのは、集団の一部が免疫の力によって生き残ったからだと考えるようになった。集団の一定割合が免疫を持てば、もはや病原体におかされることはなくなる。このような状態を「集団免疫」が成立しているという。

実は、感染症対策の切り札と考えられている予防ワクチンと治療薬は、集団免疫を頼りにしているのだ。ワクチン投与は人工的に免疫個体を増やす。治療は重症化や死亡を防ぐと同時に、集団内の免疫個体を増やす。また、公衆衛生は病原体との接触頻度を落とす効果があるので、たとえ免疫保有者の率が低くても感染症予防に貢献できる。

新型コロナウィルス感染症（COVID-19）の流行に際して、イギリスは初め集団免疫作戦を採用しようとしたが、まもなく毒性（病原性）と感染性の高さに気づいて、封じ込め作戦（社会的行動を制限して感染の連鎖を断つ作戦）に方向転換した。ただし、封じ込めだけではウィルスの根絶は難しい。封じ込めは感染率を下げているだけであり、免疫個体の増加にはあまりつながらないので、流行が再燃する可能性が高いのだ。感染症対策は、様々な手法を組み合わせて、集団免疫をおだやかに構築すること（ソフトランディング）が重要だ。

野生動物からの宿主転換

近年になって発見されている感染症の多くは、野生動物からの宿主転換《しゅくしゅ》によるものだ。これまで関わりが少なかった、野生動物とヒトの間に、濃密な関係が生まれて、宿主転換が起きているのだ。その典型的な例が、コロナウィルス（以下コロナと略す）だ。

コロナは二一世紀になって見つかった。多くの種類があり、哺乳類や鳥類に広く感染するRNAウィルスだ。そのうち、ヒトに感染するコロナは七種。内訳は、一般に風邪と呼ばれる、比較的軽い症状を示すウィルスが四種、重症肺炎を引き起こすウィルスの三種（SARSコロナ、MERSコロナ、新型コロナ）である。

野生動物とヒトの共通感染症には多くの種類が存在する。病原体、野生動物、ヒト三者の古くからの付き合いが継続している場合、感染率は低く安定しているので、パンデミックを起こすことはあまりない。しかし、近年になって宿主転換を起こした病原体は、新しい宿主が誰も免疫を獲得していない環境に飛び込むのでエピデミックやパンデミックを起こしやすい。サウジアラビアで発見されたMERSコロナはラクダからの宿主転換だと考えられている。広州で見つかったSARSコロナと、武漢で見つかった新型コロナはおそらくコウモリからの宿主転換だ。ギニアで流行したエボラ出血熱もコウモリからだと考えられている。

SARSのパンデミック

二〇〇二年一一月一六日、中国広東省の若い農民が肺炎のような症状で仏山《フォーシャン》市の病院に入院したが、原因がわからないまま回復して退院している。その後、数週間で同じ症状の感染者が次々に現れた。この正体不明の伝染病は、病原体がわからず、治療法も見つからないまま、感染者を増やしていった。二〇〇三年二月にWHO（世界保健機関）の職員だったイタリア人医師のカルロ・ウルバニが現地におもむき、新しい感染症であると報告している。彼自身もSARSに感染し、同年三月末に死亡。そして、同年四月、香港の研究者が特殊なコロナによる感染症であることを突き止めた。WHOはこの感染症をSARS（重症急性呼吸器症候群）と名づけ、世界中に警戒を呼びかけた。

SARSの感染源は広州市のウェットマーケットで売られていたコウモリだと考えられている。ウェットマーケットとは肉、魚、野菜などを扱う生鮮市場のことだ。床がいつも濡れているので、こう呼ばれている。

中国南部にはヘビやカメ、クジャクなどの野生動物を食材にした「野味《イェーウェイ》」と呼ばれる伝統料理がある。希少な動物を食べることで、その力強さや長寿にあやかることができると信じられているのだ。伝統医学も野生動物に薬を求めた。トラのヒゲは歯痛に、クマの胆汁は肝臓病に、コウモリの骨は腎臓結石に効果があるといった具合だ。特に好まれる動物は、歴史的に中国とは友好関係になかったタイ、ラオス、ベトナムに産するものが多く、入手が難しかった。長年、野味は価格が高く、エリート層だけが食すことができる珍しい食材だったのだ。

ところが、一九九〇年代になると、中国経済が急成長し、裕福な階級が誕生した。ヨーロッパや日本で、贅沢品の爆買いが始まった時期だ。そのころ、野味料理の人気が高まり、野味レストランが各地に現れた。そして、中国が南アジア諸国と貿易を再開したことを契機に、密猟者や貿易業者が野生動物をウェットマーケットに運び込むようになった。今もウェットマーケットでは、アジア中からかき集めた五〇種類以上の食用動物が金網や布袋に入れられて、生きたまま売られている。

SARSコロナは新しいウィルスではない。コウモリの体内に昔から存在していたウィルスだ。そして、ウェットマーケットにコウモリが持ち込まれたのも今に始まったことではない。ところが、一九九〇年代になると、SARSコロナにとってコウモリ以外の動物へ宿主転換しやすい条件が、突然そろったことになる。いったんヒトに移れば、あとはヒトどうしの接触を介して、ウィルスは次々に伝染できるのだ。

SARSの流行を受け、中国政府は野生動物全般の捕獲・売買を禁じ、違反した場合は刑事罰を適用するとの通達を出したが、違法売買はなくならないのが実情だ。食文化の多様性を守ろうとの考えもあり、野生動物の売買を禁止することは現実的ではないのかもしれない。

中国の野味料理だけが宿主転換の原因ではない。森林破壊や渡り鳥、家畜の過密飼育が原因となる場合もある。宿主転換が起きるかもしれない地域を把握するとともに、新たな感染源の監視を続けることが必要だ。そのためには、国家間の協力によるリアルタイムの情報共有が不可欠である。WHOの情報や国際感染症協会に寄せられるメール（Pro-MED-mail）情報を集めて、毎日更新される感染症情報マップ（HealthMap）がウェブ公開されている。このようなネットワークに貢献できる日本の専門機関が望まれる。専門家を臨時に集めた委員会などでは対応できない作業だ。

空飛ぶウィルス

中国の小さな町にあらわれたSARSコロナを、地球上のいたるところにまき散らして、二〇〇三年のパンデミックにしてしまったのは、現代の航空網と香港の中心部にあるメトロポールというビジネスホテルだった。SARSの最初の感染者たちは広州の病院に担ぎ込まれた。その一つが孫逸仙《スンイーシエン》記念病院だ。そこでは臨床医たちが二四時間体制で、感染者の手当に従事していた。その一人である劉剣倫《リュウチエンルン》医師はシフトを終え、体を洗い、服を着替えて、知人の結婚式に出席するために広州を発って香港へ向かった。

数時間後、彼はメトロポールホテルにチェックインしたのだが、そこで体調をこわし数日後に死亡した。劉のホテル滞在は二四時間にも満たなかったが、彼の体内にいたウィルスが逃げ出し一二人もの宿泊客に広まってしまった。その感染経路は不明だが、困ったことが重なった。劉と同じ時にこのホテルに宿泊した一二人は、世界各地に移動する人たちだったのだ。その一人は飛行機の客室乗務員で、シンガポールまで飛んで入院し、そこで診てくれた医者にウィルスをうつしたが、その医者は翌日ニューヨークに飛んで学会に出席することになっていた。その他の人々も、シンガポール、ベトナム、カナダ、アイルランド、アメリカ行きの飛行機に乗った。二四時間以内に五か国にウィルスが出現し、最終的には三二か国に広まった。

中国政府は報道を規制し二〇〇二年一一月の感染者発生を発表しなかったが、ようやく二〇〇三年二月になってWHOに報告した。その遅れのため、全世界に感染が拡大してしまい、八四〇八人が感染し、九一六人が死亡している。しかし、WHOは二〇〇三年七月に封じ込めによる根絶に成功したと発表した。予防ワクチンもなく、治療薬も未完成なので、感染者を徹底して隔離するといういわゆる「クラスター叩き」の手法によってSARSは収束した。この方法が有効だったのは幸いだった。その理由は、SARSコロナの毒性が強く、感染者の特定が容易だったからだと言われている。

一九〇三年にライト兄弟が発明した飛行機が、現在では毎年一〇億人を運んでいる。主要都市にあるハブ空港を離発着するだけでなく、地方都市にある無数の空港ともつながっている。かつて、コレラが帆船や蒸気船で、数週間をかけて大陸間を移動したのに対し、インフルエンザやコロナは空を飛んでいる。船による移動の時代ならば、感染者は船の上で発病するので、船を単位にした検疫が有効だった。しかし、現在は潜伏期のうちに目的地に着いてしまうのだ。新たな検疫の考え方が必要になっている。

コロナウィルスの進化

病原体は、宿主の社会的性質によって、毒性を強めたり弱めたりすると考えられる。コロナのように、飛沫や接触によって伝染する病原体について考えてみよう。

互いに距離を置いて生活している宿主に感染する場合と、密な集団で生活する宿主に感染する場合とで、病原体の性格は変わる。人口密度が低い山村では、病原体はめったに次の宿主に接触できないので、宿主に感染してすぐに重症化させるようでは病気を広めることはできない。宿主に長生きしてもらわないと、自分の子孫は残せないかもしれないのだ。この場合、毒性を弱めるような進化が起きる。

一方、密な集団に感染する場合は逆向きの進化が起きる。老朽化した都市によくあるスラムでは、病原体は高い毒性で感染者を衰弱させても構わない。感染者の病床はしばしば居間や台所と同じ空間にある。感染者のくしゃみや咳に紛れ込んだ病原体は、簡単に次の宿主を見つけられるからだ。毒性の強化は、ウィルスにとって、むしろ有利に働くだろう。

ここで、ヒトに感染する七種類のコロナを思い出して欲しい。四種は軽い風邪症状を起こす程度だが、残りの三種は毒性が強い。これはなぜだろう？　確証はないが、四種の風邪コロナは、ヒトが集団生活を始めた頃に感染症流行を起こし、数万年を経るうちに弱い毒性を進化させたのではないだろうか。SARSコロナは、毒性が強すぎて顕在化してしまったために、クラスター叩きによって消滅した。MERSコロナはヨーロッパでの流行には失敗したが、中東では弱毒化して生き残っている。

新型コロナは難敵だ。この感染症の特徴は、発熱などの症状が出る前に他に感染することと、無症状のまま回復する感染者が多いことである。そのため感染者の発見が遅れ、検疫を難しくしている。コロナの立場から見ると、弱毒化するとともに、発症前でも子孫を増やす方法を編み出したことになる。こういうウィルスに対するクラスター叩きは効果が落ちることは明らかだ。

考えられる対策は、一般的には検査、隔離、治療、ワクチンの四つで、集団免疫を穏やかに成立させながら、病原体の毒性を落としていくことだ。しかし、RNAウィルスに対しては効果が生涯続くようなワクチンは当面のところ望めない。RNAワクチンは特定のウィルス型には有効でも、ウィルスが変化すると効果が低下するからだ。流行初期はクラスター叩きで急速な感染拡大を防ぐのが良策だろうが、同時に感染検査を非発症者にも拡大することが必要だ。特効薬の開発も必要だが、これもまだない。とりあえずは副腎皮質ステロイドなどの代用薬でしのぐしかない。

ヒトの免疫系進化

ヒトの感染症に対する進化として免疫系の発達がよく知られているが、実は、免疫を獲得するには、それなりの代償を払っている。有名な例が、赤血球を奇形にする鎌形赤血球遺伝子だ。この遺伝子はアフリカでマラリア流行を経験した地域で広まっていて、マラリアによる死亡率を下げる。ただし、遺伝子は両親から半分ずつ受け継ぐが、この遺伝子をどちらか片方から受け継げばマラリアから生き残るのを助ける一方で、両方からだとひどい貧血症になる。

同様に、アフリカで流行する「ねむり病」の抵抗性遺伝子は腎臓病のリスクを高くする。ハンセン病の抵抗性遺伝子は炎症性腸疾患を起こしやすい。花粉症や食物アレルギーは、免疫反応の暴発だが、感染症への過剰防衛が引き起こしたものだ。

ヒトの文化や社会も感染症に影響を受けて進化してきた。国家の起源は、多様な感染症を避ける方法が集団ごとに異なっていたことにある、という説がある。

たとえば、アフリカには様々な風土病があり、村ごとに異なる植物が予防薬や治療薬として使われている。薬はおそらく風土病の多様性に対応している。ある村の病気に効く薬草が、隣の村で役に立つとは限らないのだ。このような「免疫行動」が集団ごとに異なる場合、よその村との交流は危険になる。よそ者が入って村の免疫行動を妨害するかもしれないし、新しい病気を持ち込むかもしれないのだ。こうなると、うち者とよそ者とを区別する着物や刺青《いれずみ》がつくられ、独自の文化的集団が生まれるだろう。それが国家の萌芽というわけだ。

中世では、ペストはヨーロッパ社会に大きな影響を与えた。まず、農奴に依存した荘園制の崩壊が進んだ。人口の減少は地代や小作料の減少、穀物や畜産物からの収入の減少をもたらしただけでなく、労働人口の不足から荘園労働者の賃金が増加した。その結果、支配階級と労働者階級の経済格差が小さくなったのだ。また、人材の登用が流動的になり、封建的な身分制度が解体に向かうことになった。その後、ヨーロッパはイタリアを中心にルネサンスを迎え、全く異なった社会へと変貌している。

新型コロナから何を学ぶか

今回の新型コロナのパンデミックはヒトに何を課すのだろうか。皆がすぐに気づいたことは、グローバル経済の弱点だ。低すぎる食料自給率の弊害、海外からの旅行客に依存しすぎていた観光業界、原料や部品を人件費の安い海外からの輸入に頼っていた工業部門など、過剰なインバウンド依存、過剰なサプライチェーン依存によって受けた日本経済のダメージは計り知れない。地味な地産地消は病気にも経済にとっても安全なのだ。

わかったことは他にもある。コロナがパンデミックを起こした二〜三月は動植物が活動を始める季節で、大気中の二酸化炭素が自然に増加する時期だ。各国政府が企業活動と交通を止め始めると、季節的な二酸化炭素の増加が半減したのだ。化石燃料の利用を止めれば温室効果ガスは減少することが証明された形だ。

世界各地の大気汚染レベルも急激に低下した。PM2・5（微粒子状の大気汚染物質）を長年吸い込むと、呼吸器系や血管系に疾患が増えることがわかっている。基礎疾患があると、新型コロナによる死亡率が大幅に高くなるといわれるが、そもそも基礎疾患の原因が大気汚染にあるとすれば、コロナウィルスの毒性は大気汚染との複合作用なのだ。大都市の大気汚染は、感染症リスクを高めると認識すべきだ。

コロナ騒ぎが収まった時に、さあ経済活動を再開するぞと、何の反省もなしに動き出すようでは困る。新たなパンデミックを起こす新興感染症はこれからも次々に出現する。将来起こりうる感染症のリスクを想定した経済活動のグランドプランを、弾力性の高いものに設計しなおすことが必要だ。

第Ⅳ部　人新世——変化する共生

第17章……人口爆発はなぜ起きたのか

現代人とほとんど見分けのつかないヒトが地球上に現れたのは約四〇万年前のことだ。最初の集団は多くても数百人から数千人だっただろう。その後、人口はゆっくりと増加してきたが、数世紀前まではヒトの活動によって地球が目立って変化するようなことはなかった。だが、第二次世界大戦後に爆発的な人口増加が起こると、地球の全人口は急激に現在の水準（八十億）にまで達した。今や、ヒトの経済活動は、地球上のあらゆる場所で環境問題や社会問題を起こしている。南極や北極さえも、例外ではなくなった。その根本的な原因が人口の爆発的な増加にあることは明らかだ。

ヒトという種が存続していくためは、この数世紀に起きた人口爆発の理由は何か、人口は今後どこまで増えるのか、人口爆発は地球をどう変えたのか、きちんと整理しておくべきだろう。これまで多くの人口学者や社会学者、経済学者が議論を重ねてきた問題だが、ここではヒトの進化との関係を含めて考えてみたい。

一九六〇年、エール大学の生態学者エドワード・S・デーヴィーは、過去の断片的な記録をもとに、ヒトが急速に増加した時期が過去にも三回あったことを示唆している。もちろん、二〇世紀の人口増加ほど急激ではなく、あくまで過去の増加率の水準と比較してのことだ。

過去の人口爆発

ヒトの人口増加率が急激に大きくなった最初の時期は約一五万年前で、狩りや採集の道具、そして火の使用が普及し始めた頃だ（最初の道具や火の使用はもっと古い）。人口はおそらく五〇万人にまで増えたと思われる。だが、その後、人口は大きく減少する。更新世の最後の氷期（八万年から一〇万年前）、おそらく寒冷化による食糧不足が原因で、ホモ属の人類はアフリカからゆっくりとユーラシア大陸に広がったが、氷期を生き延びることができたのはサピエンスだけだ。その間に人口は一万人まで減少した。

その後、様々な場所で定住型農業を開始して都市を形成し、世界人口は五〇〇万人まで急激に増加した時期がある。この第二の人口爆発は一万二〇〇〇年前から五〇〇〇年前。その後一七世紀ごろまで、人口はゆっくりとしか増えていない。飢餓、疫病、戦争などによる高い死亡率の繰り返しが長期にわたって急激な人口増加を抑制してきたからだ。

そして、一八〜一九世紀に第三の人口爆発の時期が到来する。ヒトが科学と産業に目覚めた産業革命の時期にあたる。世界人口はまず先進国を中心に増加し始めた。この時期に医学（とくに産婦人科）の発達、公衆衛生の普及、グローバリズム（食料資源などの交易）によって死亡率が低くなり、世界人口は急激に増加したのだ。一八世紀には九億人、一九世紀には一六億人となった。そして、二〇世紀に入ると、さらに人口は急増し、一九五〇年までに二五億人を超えている。

人口の増加速度が大きくなっていることは、人口が二倍になるのに何年かかったかを計算してみるとわかりやすい。西暦元年ごろの地球人口は二億五〇〇〇万だが、一六〇〇年には五億に、一八五〇年には一〇億になった。そして一九三〇年頃には二〇億に達している。人口が倍に増えるのに、一六〇〇年、次は二五〇年、さらにその次は八〇年と、どんどん短くなっていったことがわかる。

マルサスの人口論

第三の人口増加の最中、イギリスの経済学者トーマス・R・マルサスは『人口論』（一七九八）を発表した。食糧の生産はせいぜい時間に比例してしか増えないのに対して、人口は制限がなければ指数的に（複利計算のように）増えようとする。条件が許すかぎり人口は増加し、やがては食糧などの生活資源が枯渇するという警告だ。

当時イギリスは大量の失業者、病死者、飢餓の問題を抱えていた。フランス革命の影響を受けたウィリアム・ゴドウィンなどの啓蒙思想家によって救貧法の改正が検討されていた時代になる。当時は、労働者が多ければ多いほど生産性が上がると考えられていたようで、失業者を出さずに働かせることが国家の繁栄につながるとされた。マルサスは次のような議論によって救貧法を批判したのだ。

「一定の土地と設備（資本）が与えられた状況では、労働者を追加すれば生産量を増やすことができる。だが労働者の数が増えるにつれて、労働者ひとり当たりの生産量は小さくなる。人口が増え続けると、労働者は過剰供給となり、生活資源は過少供給となる。そのため重大な貧困問題に直面することになる。このような状況では結婚することや、家族を養うことは困難であるため、人口増はここで自然に停滞することになる。だが、貧民を政府の力で一時的に救済すれば、人口は限界を超えてしまうため、飢餓、感染症、戦争の原因となり、国家は破局に突入する」

この考えかたをマルサス・モデルと呼ぶことにしよう（図5）。だが、見方によっては、労働者階級の貧困によって人口は調節されるとする、支配階級からの発想だとも言える。

ボセラップの人口論

これに対して、プロイセンの社会思想家フリードリヒ・エンゲルスやデンマークの農業経済学者エスター・ボセラップなど、一八世紀以降の多くの啓蒙思想の学者たちは、窮乏は発明の母であり、人口増加は技術革新を促進しうる、と反論している。たとえば、ボセラップはこう考えた。

「農地の生産性は算術的に増えるのではない。確かに土地には限りがあるが、農業に使われる技術は日々進歩する。新たな農地の開墾、灌漑《かんがい》技術、化学農薬、化学肥料、収穫技術などの改良によって、農業生産は急速に増やすことができる。科学は前世代までに継承された知識量に比例して進展する。だから、たいていの場合指数関数的な進歩をみせる。技術革新によって過剰人口問題は解消されるはずだ。」

これをボセラップ・モデルと呼ぼう（図5）。だが、このような発想は、人口問題の解決を科学者に負わせようとする議論になりやすい。

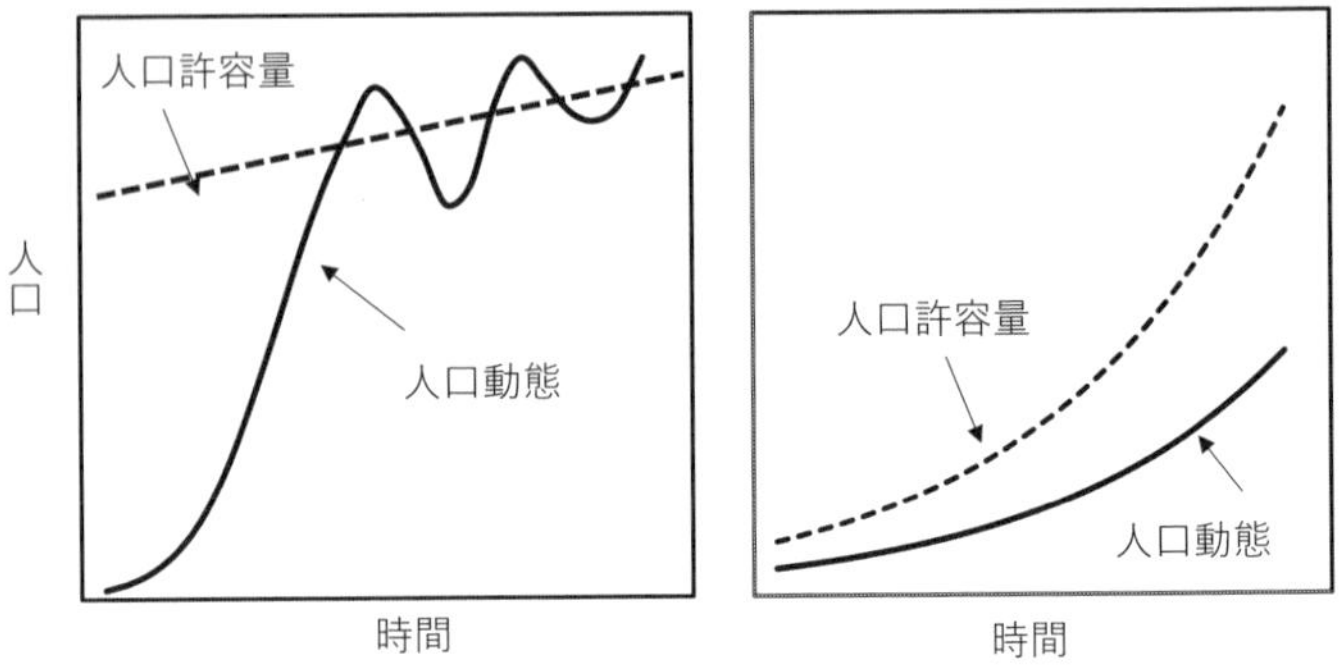

図5●マルサス・モデル（左）とボセラップ・モデル（右）のイメージ図。マルサス・モデルでは技術革新による食料増産によって人口許容量は上昇するが、人口増加の方が速いと考える。一方、ボセラップ・モデルでは人口が増加すると技術革新は指数的に上昇するので（3人寄れば文殊の知恵効果）、人口増加が抑制されることはないと考える。

●マルサスもボセラップも間違っていた

マルサス・モデルは、人口許容量がほぼ一定であることを想定したものだ。人口増加率は人口密度が高いほど減少するため、人口は一定数に収束することを強調している。歴史を振り返ると、飢餓、疫病、戦争などが人口を制御してきた。死亡による制御を避けたければ、出生数を減らすことで人口制御を行うべきだという結論が導かれるだろう。だが、現実には人口はマルサスの予想をはるかに超えて増加した。

対照的にボセラップ・モデルは、人口許容量は一定ではなく、人口が多いほど増えると考える。これは化学肥料、合成農薬の発明などで起きた緑色革命によって、農業生産が爆発的に増加した時代を反映している。人口は国力の源泉であり、国民の数が多いほど、国はより栄える。だから、国家は科学の発展を支援し、さらなる人口増加を計画すべきである、という結論になる。だが、次節で述べるように、近年は、世界各地で人口増加率が低下する時代に入った。このことは人口許容量の無限の増加はありえないことを示している。

コホート要因法

マルサス・モデル対ボセラップ・モデルの論争は現在も決着していない。科学者の多くが人口許容量の存在を主張する一方で、国家は労働力増強による無限の経済発展を望むからだ。そこで人口学者は、二〇世紀初期くらいから理念的な数学モデルではなく、現実の人口推計データを重視する経験モデルを使って人口動態を研究してきた。その基礎となるのがコホート要因法と呼ばれる手法だ(図6)。コホートとは「同じ時期に生まれた個体の集団」という意味で、コホート要因法は現在では広く普及しており、世界の主要な人口学研究所のほとんどで使われている。

コホート要因法がどのようなものかを簡単に説明しよう。たとえば日本の人口の五年、一〇年先を予測してみよう。データは五年ごとに繰り返されている国勢調査の直近の二回、つまり二〇一五年と

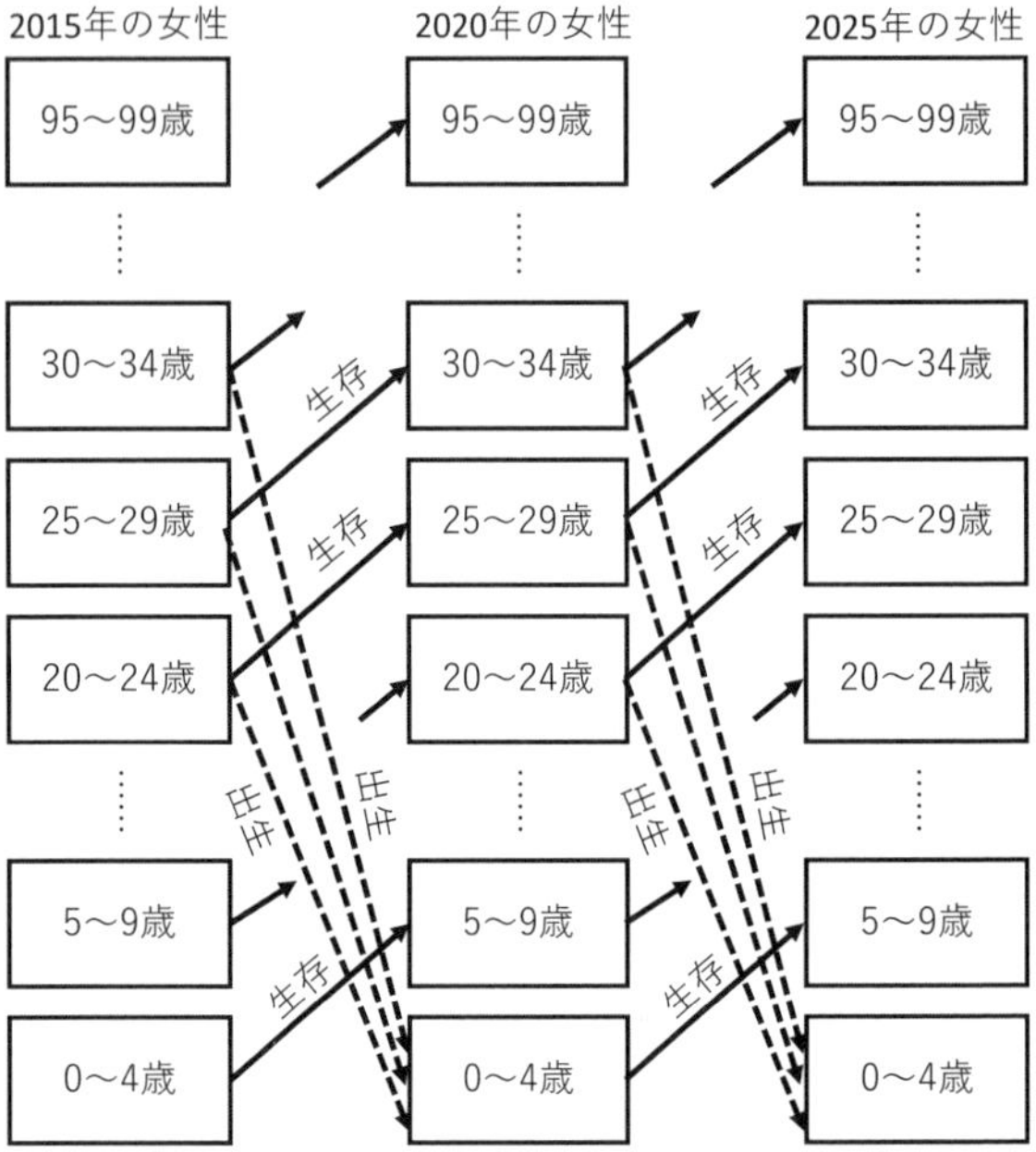

図6●コホート要因法による女性集団の将来予測の考え方。5年ごとに集計した年級群の個体数が5年後にどれだけ生存しているか、何人の子供が生まれたかを調べる。2015年と2020年の国勢調査を行い、5年間の生存率、出生率は次の5年後まで変化しないと仮定すると、2025年の年齢構成や総人口を予測できる。

二〇二〇年の人口調査が使える。国勢調査の用紙には性別、年齢（満齢）が書き込まれるが、話を簡単にするために、ここでは子供を産むことができる女性だけに注目する。海外への移出、あるいは海外からの移入も複雑に人口動態に影響するが、これも無視しよう。

年齢によって分割された年齢集団は、当然ながら二回の国勢調査の間に変化している。その変化から各年齢集団の生存率がわかるし、加わった新生児や幼児の数もわかる。

二〇一五年から二〇二〇年までの変化を基にして二〇二五年の調査結果を予想するのだ。過去五年間の生存率は次の五年間も変わらないし、各年齢集団の出産率も変化しないと仮定すれば、五年後の人口と年齢構成が予測できる。

二〇二五年の予想ができたら、同じ計算をさらに五年後にのばして繰り返し、二〇三〇年の予測を得ることができる。このように五年ごとの予測を繰り返せば、好きなだけ遠い未来の人口予測を行うことができる。だが、遠い将来については、現在の自然環境や社会環境がそのまま続くとは思えないので、遠い未来ほど予測があてにならないところが難点だ。

人口転換モデル

一九五〇年に二五億人だった世界人口は一九九〇年までのわずか四〇年間で、五三億人（二倍）に増加した。そして現在（二〇二三年）は八〇億に達している。まさに人口爆発と呼ぶにふさわしい増加だ。

だが、不思議なことに一九九〇年頃から人口増加率（人口そのものではない）は次第に減少しつつある。そこでコホート要因法を開発してきた人口学者たちは、各国の人口動態を歴史的に解析し始めた。結果、増加率が次第に減少している先進国と、増加率が高いままの途上国という地域的な違いがあることがわかってきた。

いわゆる先進国（ヨーロッパ、北アメリカ、オーストラリア、ニュージーランド、そして日本）で観測される人口増加の歴史的パターンは四つのステージで成立しているとしたのが「人口転換」と呼ばれるモデルだ。

第一ステージの時代は出生率と死亡率はどちらも高く、年ごとに大きく変動する。だが、長期間の平均をとれば、出生率と死亡率はほぼ等しい値をとる。そのため、長期的には人口はほとんど変化しない。乳幼児期の死亡率が高く、それを補うために多くの子供をつくっていた時代と言える。

第二ステージでは、平均出生率が高いままで、平均死亡率だけが減少する。そのため、人口増加率は高くなり、集団は以前よりも急速に大きくなる。産業革命後の時期がこれにあたる。交易などを通して国際的に食糧事情が良くなったこと、さらに公衆衛生が発達したことによって死亡率が低下したためだ。このステージで起きる現象は「死亡率転換」と呼ばれている。

第三ステージでは、死亡率は低く安定し、高かった出生率が少しずつ減少する。そのため、集団は大きくなり続けるがその成長は遅くなる。生活水準の向上、教育コストの認識、避妊法の普及などが家族サイズと出生率の減少をもたらすと考えられている。第二次世界大戦後までの時期にあたり、このステージに起きたことは「出生率転換」と呼ばれる。

最後の第四ステージは、平均出生率も平均死亡率も低く安定し、両者の値はほとんど等しくなる。そのため、人口増加率は非常に低く、マイナスになることさえあるが、長期的には安定する。ただし、人口そのものは人口転換が始まる前よりもずっと大きい。

現在、世界には、人口が基本的に安定している国が四〇以上もある。日本やロシア、ドイツ、イタリアなど、出生率が低い国々では、今後数十年間にわたって人口はある程度減少するかもしれないが、やがて安定に向かうと予想される。

人口転換は先進国だけでなく、途上国の多くでも起きている。過去二世紀の間に平均寿命が二倍以上になり、女性一人当たりの出産数も半分以下に減少した。だが、死亡率転換と出生率転換が起きた時期とその移行期間には、大きな地域差があった。先進国では第二ステージから第三ステージへの移行期が短期間だったため、人口爆発は短期間で終了したが、途上国では移行に長い期間がかかってしまった。そのため、世界人口は今も増加を続けているが、やがて安定期に入ると思われる。だが、人口転換モデルが予想できるのは近未来だけだ。数百年後の地球人口がどうなるのかは誰にもわからない。

マルサスやボセラップのモデルをイデオロギーに基づく理論モデルとすれば、人口転換モデルはイデオロギーに中立的な経験モデルと位置付けることができるだろう。だが、このモデルは、人口転換のメカニズムについては何も教えてくれない。状況証拠を挙げて原因を推論するだけだ。

オーソドックスな人口論を駆け足で紹介してきたが、明らかに不足している視点がある。それは、ヒト自身が進化してきたことだ。どんな生物も、成長し繁殖するにはそれぞれの種に特異的な食料資源、空間、気候などが必要だ。生態学では、種が要求する生存条件を総合して「ニッチ」と呼んでいる。

地球の長い歴史の中で、地球の環境変化に柔軟に適応した生物は新たなニッチを構築しながら数を増やした。だが、ニッチの構築はいつもライバル種の犠牲を伴う。ニッチを奪い合う種の勢力争いの結果、繁栄する種も絶滅する種もあった。ヒトはその繁栄の歴史の中で、どのようなニッチ争奪戦を展開してきたのだろうか。次章では、このような視点で過去の人口増加パターンをもう一度振り返ってみよう。

第18章 ヒトの進化とニッチ争奪戦

ヒトの祖先であるホモ・エレクトスが二足歩行を始めたのは約二〇〇万年前。その頃の気候は変動が激しく、長い氷期と短い間氷期が周期的に繰り返されてきた。エレクトスが誕生したアフリカでは、熱帯雨林が後退し、乾いた貿易風によってサバンナや砂漠が広がった。森林が縮小したのでエレクトスはサバンナでの生活を余儀なくされたが、サバンナではすでに草食の有蹄《ゆうてい》類、肉食の大型ネコ科、屍肉《しにく》食のイヌ科や猛禽《もうきん》類などが食物連鎖を創り上げていた。二足歩行を始めたエレクトスは石器と火を使ってこの生態系に割り込もうとしたのだ。だが、そのためには身体や知能を優れた狩人として洗練させるような進化が必要だった。

地球上に多くの種が共存できるのは、それぞれが少しずつ異なるニッチ（生態的地位）を持っているからだ。とはいえ、種ごとのニッチは永久不変ではない。人類の歴史の中で、地球の物理環境（特に気候）の変化に柔軟に適応した人類は新たなニッチを構築していった。たとえば、毛皮を着て寒冷な地域に進出する、これまで食べなかった生物を食べる、住居を作って捕食者から逃れる、などなど。生物の進化とは新たなニッチの構築でもあるとも言える。このようなニッチ構築が、ライバル種から食料を奪い、食う種と食われる種の関係を変えて自種の生存を有利にし、仲間の数を増やすことにつながるのだ。

ヒトはその繁栄の歴史の中で、どのように自分のニッチを構築し、どのように他生物のニッチに干渉してきたのだろうか。化石などの状況証拠に頼るしかないが、人類誕生の時代から農業の開始期までのサピエンスの進化を振り返ってみよう。

狩られる側から狩る側へ

南アフリカで発掘された洞窟から、サバンナに進出したばかりの人類は大型ネコ科（古代ライオンやサーベルタイガーなど）による狩猟の対象だったと推測されている。最も深い（古い）地層からは大型ネコ科の全身骨格が見つかり、そこにはネコの歯形が残るエレクトスや動物の骨片が散在しているからだ。しかし、もっと浅い地層からはエレクトスの全身骨格が見つかり、哺乳類、爬虫《はちゅう》類、鳥類など、いろいろな動物の骨片が散らばっている。かじられた大型ネコ科の骨が見つかることさえある。これは、洞窟の主が代わり、食う側と食われる側が入れ替わったことを意味しているのだ。

サバンナに進出したばかりのエレクトスは、屍肉食の動物だった。大型ネコ科が狩った草食動物などの食べ残しを漁《あさ》っていた。ライオンやヒョウは、おもに内臓を食べて肉を残す傾向がある。ハイエナやハゲタカなども死体から肉を剥ぎ取って食べていたのだが、エレクトスはさらにその食べ残しの骨髄まで食料にしていたらしい。だが、この死骸漁りは非常に危険で、肉食獣に頻繁に襲われていたにちがいない。

だが、しばらくするとエレクトスは石器と火を使って狩りを始めた。そして、狩りに適応した身体に進化し始めたのだ。走るために、長くて強い脚、アーチ構造の足、大きな大臀《でん》筋、衝撃を吸収する関節、前庭系（動いている最中にも空間定位できる感覚器）など、無数の形質を発達させた。そして、自由になった手を使って石器と火を使う、地上最強の狩人となったのだ。

エレクトスからサピエンスへと進化するにつれ、狩人としての能力は速度よりもスタミナに重点が移ったようだ。地球上の四足動物はどの種も我々よりも速く走ることができる。これではほとんどの獲物に逃げられてしまう。この頃、サピエンスはすでにイヌを連れた狩りを行っていた。サピエンスが走るスピードを上げるのではなく、持久力を使って獲物を追いかけることにしたのは、イヌとの共同生活がきっかけだったのかもしれない。

体毛をなくした我々の冷却メカニズム（発汗）はきわめて効果的で、スピードを制御すれば獲物を根気よく追いかけることができる。二本の足で立っていれば、日中に太陽光にあまり晒《さら》されないので、そもそも四足動物よりも吸収される熱が三〇％ほど少ない。獲物を根気よく追いかければ、先に熱中症で倒れるのは獲物のほうだ。

ただし、初期人類はたまたま茂みから出てきた獲物をやみくもに追いかけていたわけではない。季節的に渡ってくる有蹄類、鳥類、魚類などを対象に計画的で大規模な狩りもやっていた。そのためには集落の協働による入念な準備が必要だ。長くて細い「追い込み道」を用意し、網や罠《わな》、落とし穴を使って獲物を捕まえた。獲物を干し肉や塩漬け、燻製《くんせい》にするための施設や道具、技術も使っていた。

このようにして、サピエンスはサバンナでの暮らしにどんどん適応し、遊動生活を始めた。そして、二本の足で走ることに都合の良い身体に進化しながら個体数を増やしていったのだ。

火の使用が景観と人類を変えた

人類による最古の火の使用は少なくとも四〇万年前になる。森林に火を放てば、狩りの対象となる動物は火に追われて飛び出してくる。栄養価に乏しい極相林の植生を焼き払えば、景観が変わり、日当たりを好む草や低木の繁殖が促進される。そして、数か月も待てばイネ科の種子、キイチゴ、木ノ実などが実るようになる。そこにはシカやウサギ、キジなどの草食動物も集まってくるので、そのすべてを獲物にできる。火を使って、狩猟と採取を兼ねた「収穫用地」を意図的に作っていたのだ。このような収穫用地を野営地の周辺に配置することによって、食料の確保は容易になった。

火はもう一つ重要な役割を果たした。それは調理だ。生の食物に火を通すことで、消化のプロセスが外部化された。調理することで、棘《とげ》のある植物、堅い種子、繊維の多い植物なども柔らかくなった。生肉も調理すれば消化が良くなる。何でも食べられるようになった結果、水域、森林、草原などあらゆる生態系から多様な食料を得ることができるようになった。

調理は生理的にも遺伝的にも大きな影響を及ぼした。他の霊長類に比べると、ヒトの腸の長さは半分、歯も小さい。咀嚼《そしゃく》と消化に費やすエネルギーははるかに少なくて済む。人類の脳が大きくなった理由の一つは、火の利用によって栄養摂取の効率が高まったからだ。

石器と火の利用がしだいに洗練され、足と手と体躯《たいく》が優れた狩人として進化すると、最初の人口増加が始まった。そのほかにも、靴の発明、衣服の発明、複数家族の共同生活など、多くの革新が人口増加と分布拡大を後押ししたに違いない。だが、獲物はいつも無尽蔵に得られるわけではない。気候変動や乱獲によって大型動物が減少すると、ヒトはしだいにアフリカからユーラシア大陸へ、ついには南北アメリカ大陸へと侵略を開始した。

その後の小氷期と間氷期の繰り返しによって、各地に広がった人類は増減を繰り返したが、ネアンデルタールやデニソワは絶滅してしまった。そして、最後まで生き残ったのはサピエンスだけだった。

定住生活のはじまり

標準的な人類史の物語では、サピエンスが定住生活を始めたのは穀物中心の農業を開始した約一万年前ということになっている。だが、古代メソポタミアの遺跡研究などから、それよりも四〇〇〇年も前から、「園耕」と呼ばれる野生の植物を栽培する小規模農業や、食用としてヤギやヒツジなどの家畜を飼っていたことがわかっている。

野生植物の栽培といっても、近代的な農耕とそれほど違いがあるわけではない。欲しい植物が自然に生えているところでは雑草を引くし、無用の植物群落は焼き払う。余分な枝は刈り込む、種子を蒔《ま》く、植え替える、害虫を取り除く、水をやる、施肥をする、などなど。また、焼き払ってできた草地に現れた動物をすべて狩猟の対象にしていたわけでもない。妊娠したヤギやシカは残し、老いたメスや若いオスだけを狩るなどの野生動物管理も行っていたようだ。また、渡り鳥や魚類の季節移動を利用しての待ち伏せ漁も行われていた。

園耕の特徴は、いくつもの生態系にアクセスできる場所に位置取りをすることだ。焚《た》き火炉を中心に動くと、遠くまで狩りに出かける必要がなくなった。狭い範囲から多くの食料を得られるからだ。新石器時代のヒトは、こうして複数の生態系の交差点を生活拠点にし始めた。そして狩猟、漁撈《ぎょろう》、採集、園耕から得られる多様性に富んだ食品を得ていたのだ。

季節の感覚が研ぎ澄まされたことも重要だ。冬になれば飛来する水鳥、春になればやってくるウシの大群、季節的に回遊する魚の群れ、潮の満ち引き。タイミングを見逃さずに狩猟の準備にかかること、塩漬けや干物を準備することで、いつでも食料が得られるようになった。ヒト以外の動物が食料の豊富な季節だけ繁殖する中で、ヒトだけが一年中いつでも繁殖できるのは、季節ごとに何かしらの食物が手に入るようになったからだろう。

園耕から穀物中心の農業へ

世界各地に分布を広げたサピエンスが穀物中心の農業を始めたのは紀元前三〇〇〇年ころだ。メソポタミアではオオムギ、コムギ、レンズマメ、中国南部ではコメ、南アジアでダイズ、リョクトウ、中南米ではトウモロコシ、ジャガイモなどが栽培された。日本では縄文時代が八〇〇〇年以上続き、稲作中心の弥生時代へと移行するのは他の古代文明に遅れて紀元前五〇〇年ごろだった。

穀物を中心とする集約農業が始まった理由については多くの議論があるが、紙数の都合もあるので、ここでは深入りしない。ただ、定住農耕民の人口増加、狩猟採集民とのニッチ争奪戦、それに続く古代国家建設との関連だけを指摘しておきたい。

複数の生態系を利用できる拠点を確保できた狩猟採集民は、しばらくは集落をつくって野営生活を満喫できた。しかし、しばらくすると大型動物は狩り尽くされ、土地も荒廃してくる。人口が少ないうちは、環境の変化に応じて容易に拠点を変えることができた。だが、集落の人口が増えると、移動が難しくなってきた。地域全体の人口も増え、他の定住適地にはすでに他の集落がある。豊かな生態系や農地は奪い合いになったと思われる。

それぞれの集落は、隣の集落との紛争に備えて防衛手段を講じることが必要になった。しかも、定住農耕への道を拒否して自由に移動している狩猟採集民や遊牧民も、まだ大勢いるのだ。彼らは時に定住民から農業生産物や家畜を略奪する行為に出たと思われる。村人とよそ者、野蛮人を識別する思考回路が生まれ、その延長としての古代国家が誕生した。軍隊を保有する支配層と穀物を税として納める農民という階級制度がうまれ、ヒトは次第に定住生活から抜けられなくなっていった。

多産を促した定住生活

現代の移動生活する人々に関する生態人類学的な研究によると、女性は意図的に繁殖力を制限していることが多いそうだ。定期的に野営地を移動するのであれば、子ども二人を同時に抱えて運ぶのはかなりの負担になる。そのため狩猟採集民が子どもを作るのはおよそ四年間隔になる。そのほか離乳を遅らせる、育児放棄や子殺しによって育児間隔を開ける場合すらある。また、激しい運動と肉食の組み合わせは、初潮を遅らせ、排卵を不定期にし、閉経を早めることもわかっている（第8章参照）。

対照的に、定住生活する農民では、短い間隔で子どもをつくる負担が大幅に軽減される。しかも、子どもは農作業の労働力としても使える。定住によって初潮が早まること、穀物で離乳食がつくれること、生殖寿命が長くなることも人口増加に有効だったと思われる。

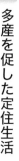

植物も動物もヒトも家畜化された

二〇〇万年も続いた狩猟採集の時代に起きた人類の進化に比べれば、農耕の始まりから現在までの

一万年間に生じたヒトの進化はわずかなものだ。だが、この一万年は栽培植物、家畜動物、ヒトが密集して生活し、緊密な相互依存関係が進化した時代だ。栽培植物はヒトが世話しなければまともに生育できない作物に変わり、飼いならされた動物もヒトが与える飼料に依存する家畜に変わった。ヒトも形質が変わって作物や家畜なしでは生活できなくなった。この飼い馴らされた作物、家畜、ヒトが作る群集を「家畜共生系」と呼ぶことにしよう。さらに、この共生系には微生物も参加しており、発酵食品だけではなく、腸内細菌も重要な共生生物だ。

この家畜共生系は、外部の生物にも大きな影響を与えることになった。先に述べたように、火を使った園耕が景観を変えた。灌漑は耕作可能地の分布を変えた。ヒトと家畜が出す残飯や廃棄物、糞尿は家畜以外の野生動物にとっては、宝の山といった魅力があり、多くの居候がやってきて、共生系を利用して繁栄した。イヌ、ネコ、ブタなどは共生系に入り込み、スズメ、ネズミ、カラスなどは片利共生生物として勝手に周辺に住みつく。これらの野生動物は、それぞれがノミ、ダニ、シラミ、蚊、病原菌、ウィルスなどの寄生生物を連れてくる。ヒト、作物、家畜、寄生生物のすべてが密集し、共進化しながら、共生系そのものが複雑化していったのだ。

感染症と人口動態

一万二〇〇〇年前、つまり最終氷期が終わった頃の世界人口は数十万人だったようだ。それ以後の温暖な気候のもとで定住農耕が行われて共生系の進化が始まった。人口は少しずつ増えて五〇〇〇年後には、五〇〇〇万人まで増えたが、その後はほとんど停滞していた。そして次の人口爆発が起きるのは一七世紀のことだ。

共生系の進化にもかかわらず、長期間にわたって人口が増加しなかった理由は何だろうか。その有力な説明は疫学的なもので、この時期は感染症による死亡率がきわめて高かったという説だ。定住地にヒトと作物と家畜が密集したため、伝染病が発生し、人口に壊滅的な打撃を与えたらしい。

直接の証拠ではないが、たとえばメソポタミア古代遺跡の調査によると定住生活が始まった集落がいくつも、突如として崩壊したことがわかっている。その理由として気候変動、土壌劣化、戦争、洪水なども有りうるが、感染症の流行がおもな原因だったと考えるのが妥当のようだ。紀元前三〇〇〇年ごろから楔《くさび》形文字が使われ、粘土板には伝染病の記録が豊富に残されているからだ。その前の時期にも伝染病がしばしば集落を崩壊させたと考えるのが自然だろう。

ヒトに特有な感染症のほとんどはこの一万年の間に出現している。コレラ、天然痘、麻疹、インフルエンザ、水痘、マラリアなど、比較的新しい感染症は、農業が始まったあとの共生系内で生じたものだ。

やがて、密集したヒトや家畜はいくつかの病原菌やウィルスに対してある程度の免疫を獲得してゆく。すると、致死的な病気は風土病となり、毒性の低い安定的な病原体と宿主の関係へと変化していった。免疫を獲得して生き残った者たちが子孫を残すという進化の原則が働いたのだ。とくに、ポリオ、天然痘、おたふく風邪など、幼児期に感染して回復できる病気には免疫が獲得されていった。だが、獲得した免疫システムの進化によって死亡率が低下して、人口が急激に増加するまでには五〇〇〇年もの年月が必要だったのだ。

人口爆発の裏に進化あり

四〇万年前、サピエンスはエレクトスから分かれ、新たな種として誕生した。こういう言い方をすると、四〇万年前のある日、現代人と同じヒトが突然誕生したかのように聞こえるかもしれない。だが、そういうことではない。地球上の各地に広がった人類は、棲み場所や食物の違いに適応した結果、骨格（おもに頭骨）に次第に違いが生じてくる。その差によってエレクトスとサピエンスを区別できるようになった時を、サピエンスの誕生と呼んでいるに過ぎない。

四〇万年前のヒトと現代人はかなり異なっていたと考えたほうがよい。その後、狩人として進化した時代もあれば、農耕民として進化した時代もある。肉食に適応した時代も、穀物食に進化した時代もある。死亡要因も飢餓の時代、感染症の時代、戦争の時代があった。定住生活に適応した繁殖スケジュールの進化も起きた。人口爆発が起きたのは、ヒトの技術開発によるニッチ構築に負うところが大きいが、そのためにヒト自身も進化していたことを忘れてはならない。

第19章 薄氷の人新世を生き延びるために

人口爆発が変えた地球

一八世紀、ヨーロッパで産業革命が始まると、ヒトや動物の労働は機械に代わり、労働力が桁違いに大きくなった。一九世紀にはその影響が地球全体に及ぶようになった。世界の人口は一〇億人に達し、化石燃料から発生する二酸化炭素が大気中に大量に放出された。

だが、第二次世界大戦後以降、我々が地球に与えた影響は、それまでとは比較にならないほど規模も速度も大きくなった。人口は急激に増え、現在は八〇億にまで達した。グローバリゼーション、技術革新、大量生産、大量消費、通信革命、農業改革、医療の進歩などにも、桁違いの変化が起きた。

こうした人間活動の急激な拡大は大躍進（グレート・アクセラレーション）と捉えられているが、その一方で、この大躍進は地球に大きな汚染をもたらした。

光化学スモッグがロンドン、東京などの都市を襲って、多くの人命を奪い、酸性雨が川や湖や土壌を汚染し、フロンがオゾン層を破壊した。二酸化炭素の排出によって地球の気候が変動し、海は酸性化が進んでいる。自然の収奪によって、森林は大規模に失われ、多くの生物種が絶滅して生態系が荒廃した。さらに、人間活動は大量のゴミを発生させ、大気へ海洋へと放出している。

人新世とは何か

高校の地学科目で覚えるはずの地質年代によると、人類の時代は新生代第四期。そして、第四期は氷期と間氷期（温暖期）が繰り返された更新世と、氷期が終わった後の完新世に分けられる。従来の考え方では、我々が暮らしている現在は完新世に含まれる。だが近年、科学者たちは、完新世に続く「人新世（Anthoropocene）」という新しい地質時代を使うようになった。まだ多くの人には聞き慣れない言葉だが、古代ギリシャ語の anthoropos（人間存在）と、地質時代を表す英語の cene をつなげた語だ。これは四五億年という壮大な地史学的時間の中に、人間を位置付けようとする言葉だ。人間の影響が地球の隅々にまで及んだ現在、自然世界は消滅してしまった。良くも悪くも、人間が地球環境を操作できるようになった、この新時代を呼ぶ名称が必要だという認識なのだ。

人新世の始まりの時期については、二〇世紀の大躍進時代、一万年前の農業革命時代など、様々な考え方があるが、この語を広めたオランダの大気化学者パウル・クラッツェンにならって産業革命が起きた一八世紀の半ばごろだと考えよう。その頃、ヒトが排出する温室効果ガスによって、大気の状態が変化し始めたからだ。

温暖化の影響は、氷床の融解、海面上昇、砂漠化、熱帯林破壊、海の酸性化、異常気象など多岐にわたり、それぞれが複雑な事情を抱えているが、この章の目的はその解説ではない。だが、最もわかりやすい例として一つだけ、北極海周辺諸国の問題を取り上げたい。

また、多くの研究者は温暖化を止めようとする緩和策、つまり完新世の地球を取り返すような努力はすでに時を逸したと考え始めた。緩和策が不要だという意味ではないが、ヒトが数万年、数十万年先まで生き続けるためには、気候変動（温暖化と寒冷化の両方）に対する適応策に視点を移すべきだという意見が支配的になりつつある。過度な温暖化にも、次にやってくる氷期にも通用する適応策とは何だろう。確実なことは何もわからない遠い未来のことではあるが、その点についても考えてみたい。

完新世の大気

大気は厚さ一〇〇キロメートルにわたって地球を取り囲んでいる。渦巻く大気と海は互いに影響しあい、その相互作用が地球に様々な天気や機構をもたらし、ひいては生物にとっての環境を決定している。なかでも赤道から両極にかけての天候にとって重要なのが、大気のハドレー循環だ。赤道付近で上昇した暖かく湿った空気は、大量の雨を降らせ、熱帯雨林や湿地を創り出す。上昇した空気は、南北両方向に緯度三〇度あたりまで移動して乾燥した風を吹き下ろし、砂漠を形成する。その空気は赤道に戻る風と、高緯度に移動する風に分かれ、温帯域にも雨を降らせる。この循環の影響は赤道付近や温帯の緑とサハラ砂漠やアラビア半島、オーストラリアなどの茶色のコントラストとして衛星写真から確認できる。

しかし、生物のほうでも大気の状態や天候を支配している。原始大気は窒素と二酸化炭素と水蒸気で構成されていた。光合成生物が誕生すると、二〇億年の時間をかけて大気には酸素が充満し、動植物が活躍する環境が整った。葉緑体を持つ藻類が太陽のエネルギーを使って二酸化炭素から糖を作り出し、老廃物として酸素を大気中に放出し続けたからだ。地球に生存する動植物は常に呼吸を繰り返し、大気中から酸素を奪い、二酸化炭素と水蒸気を放出する。このように呼吸によって失われた酸素が世界の森林や海藻による光合成によって回復する。生物相と大気の間で、複雑なフィードバックがあり、結果として約七八%の窒素と二一%の酸素、残りは希少ガスや二酸化炭素などが合計一%で構成される大気ができ上がった。

だが、ヒトはこの複雑な関係に干渉し、大気中に大量の二酸化炭素を追加した。その結果、完新世のあいだ守られてきた微妙な平衡状態が崩れ、この数世紀の間に地球の気候は変化してしまった。人類が進化のプロセスを歩んできた第四紀のうち、更新世の二酸化炭素濃度は二二〇ppm、完新世は二八〇ppm程度だった。人類が木を主な燃料としていた頃は、大気中に二酸化炭素を放出しても、樹木が光合成することで、収支はバランスが取れていたのだ。ところが、人新世になると、我々は化石燃料にエネルギー消費の大部分を求め、大気中に二酸化炭素をどんどん放出していった。現在の二酸化炭素濃度は四〇〇ppmを超え、産業革命以前よりも五〇%も高くなった。大気の温度は上昇し、エネルギーや水蒸気を以前よりも多く含み、異常気象を引き起こしている。

温暖化でホッキョクグマが絶滅する?

温暖化と聞いて真っ先に連想するのは北極の氷山の崩壊と溺れそうなホッキョクグマの映像ではな

かろうか。だが、このイメージは誤解を招きやすい。メディアが作り出したデマといってもよいくらいだ。そもそも、泳ぎの得意なホッキョクグマが溺死で個体数を減らすとは思えない。

専門家は北極から氷が消えつつあると言うが、年間を通して氷が消滅するという意味ではない。北極も南極も暗い冬が何か月も続く。冬の気温は氷点をはるかに下回るのだ。夏に極氷が半分に消えても、冬になればまた再凍結する。氷がなくなるのは、春から夏のことであって、この時期には太陽が二四時間続けて極地を温めるのだ。

春になってホッキョクグマが流氷の上をうろつくのは、子アザラシを狩るためなのだ。ホッキョクグマは長い冬の間も冬眠しない。メスグマは雪に覆われた穴蔵で子グマと過ごすが、オスグマは空腹をかかえてアザラシを探す。だが、狩りに成功することはめったにない。つまり、冬の間はほとんど食べないで過ごすのだ。

アザラシは凍結が始まる晩秋になると、氷丘脈《ひょうきゅうみゃく》（氷の圧力でできた氷の盛り上がり）の近くで冬場の縄ばりを確定する。春になるとアザラシたちは盛り上がった氷に巣穴を掘って出産室とする。ホッキョクグマはこの出産室を探し当て、子アザラシを水の中に追い出して捕まえるのだ。捕獲成功率は二〇回に一回程度であまり高くはないが、それでも春の二〜三か月でほぼ一年分の食いだめができる。アザラシがホッキョクグマを支え、氷がアザラシを支える関係が成立していたのだ。

温暖化する北極では、凍結期の到来が遅くなった。アザラシたちは繁殖期を迎えるまでに縄ばりを確定することが難しくなってきた。結果、春に巣穴を掘って出産することが難しくなった。つまり、ホッキョクグマが絶滅危惧種になってしまった原因は、アザラシの繁殖が困難になったためなのだ。

ワモンアザラシ。ホッキョクグマは夏に氷原を徘徊する姿がしばしば観察されるためか、北極氷山の崩壊が絶滅危惧を招いていると思われているようだ。だが、氷山が崩壊して少なくなっているのは繁殖場所に渡って来なくなったワモンアザラシだ。ホッキョクグマは夏の間はアザラシを狩って飢えを凌いでいたのだが、近年は餌不足によって個体数減少を招いているようだ。

北極圏諸国の動き

極氷の消滅は、ヒトの社会にも深刻な問題を起こしつつある。二一世紀の終わり頃には、夏の北極海から海氷が消える可能性が高い。海氷が消えたあと、北極海域では漁業が数千年にわたって発展するだろう。また、国際貿易のルートが変わることで、北極地方の経済圏も変わってしまうに違いない。カナダ、アラスカ、ロシアの北部地域には天然ダイアモンド、ウラン、石油、天然ガスなど、地球上最も豊かな鉱物堆積層が眠っている。鉄道や港の開発など、北極海の開発をめぐる国家間の利権争いはすでに始まっている。

中国など、北極圏諸国以外の動きも始まった。たとえば中国がロシアに資金協力する形で進められたＬＮＧ（液化天然ガス）開発プロジェクトによって、三本の生産ラインで北極海から中国へ毎年四〇〇万トンのＬＮＧが供給されている。

緑化するグリーンランド

北極圏諸国のなかで特に注目されているのがグリーンランドだ。今日、グリーンランドは約四万人のイヌイット（極地先住民）と一万七〇〇〇人のデンマーク人によって共有されている。巨大なフィヨルドが多く、全島の八〇％以上は氷床と雪に覆われているため、居住可能地域は海岸沿いの狭い範囲に限定されている。一八一四年、グリーンランドはノルウェーからデンマークの植民地に移行したが、住民の反発によって一九七九年に自治政府が発足した。もはや植民地ではないが、完全に独立しているわけでもない。

グリーンランドは、世界の経済や政治に影響を与えることはこれまでなかった。しかし、人新世の温暖化はそれを劇的に変化させつつある。グリーンランド島の北部は北極圏内にあるが、南端は北極圏よりずっと南に位置している。氷塊の多くが極から離れて存在するので、夏には広い範囲で融解が起きる。しかし、中央部に存在するドーム状の氷塊があまりに大きいので、氷床が溶ける速度はきわめて遅いだろうと考えられてきた。

だが、衛星写真の観測などから、海岸線付近の氷の消失は、予想以上に速く起きていることがわかってきた。その理由の一つは、太陽光が氷床を溶かしている以上に、氷河の先端が海へと押し出され、氷山として流れ去るかららしい。そのメカニズムはほとんどわかっていないので深入りを避けて、グリーンランドの氷解が将来何をもたらすかを想像してみよう。

今から数世紀の後(西暦二五〇〇年以降)、島の南側三〇%で氷床が溶けて地面が露出する可能性がある。土地の低いデンマークでは海面上昇によって四万平方キロしかない国土が消え、グリーンランドでは七二万平方キロの新しい地面が生まれることになる。もちろん、どこまで氷床が後退するかは、我々がこれから放出する温室効果ガスの量に左右される。

現在陸地を覆っている氷の先端が南の海岸線から後退するにつれて、新たに露出した土地に居住地がつくられ、農業や漁業などのために開発されるだろう。四〇万年前の温暖期の地層からはトウヒ、マツ、イチイ、ハンノキなどの花粉が発見されるので、森林とツンドラの混成地も復活するに違いない。現在は輸入するしかない木材が国内で調達できるようになる。

スカンジナビアで普通に栽培されている農作物が栽培可能になるので、高価な輸入野菜も必要なくなる。氷の消えた北極海域はタラ、オヒョウ、サケなどに加えて南から移動してくるサバやイワシが獲れる大漁場となる。銅、プラチナ、ウランなどの地下資源も、石油や天然ガスの埋蔵量も豊富だ。つまり、一大経済圏がグリーンランドを中心に誕生するのだ。

気になるのはグリーンランドを支配するのがどの国になるかだ。どこかの超大国が口実をでっち上げて、侵略を企てることはないだろうか。二〇一九年、アメリカ合衆国大統領ドナルド・トランプはグリーンランドの購入に興味を示した。しかし、デンマークは「グリーンランドは売り物ではない」として拒否している。

懸念されるのは、海面上昇によって本国が消失し始めたデンマーク人が大量に移住し、先住民を排除してしまうことだ。あるいは力をつけた先住民たちがデンマークとの政治的関係を断ち、イヌイット文化を守ろうとするかもしれない。誰にもわからない数百年後のことだが。

この例から示唆されるように、温暖化がもたらす問題は、利益を得る集団と被害を受ける集団との対立や格差を生み出すことにある。海面上昇しかり、砂漠化しかり、生物種の絶滅しかりだ。

だが、グリーンランドの繁栄は永遠には続かない。化石燃料の消費速度によって多少の時間差はあるが、大気中の温室効果ガスの濃度は二四〇〇年までに頂点に達し、その後ゆっくりと海に吸収されて低下する。そして、一万年後には完新世の大気に戻り、気候の反転が始まるはずだ。そうすると、真っ先に氷河に覆われるのがグリーンランドだろう。氷のない状態を前提に発達してきたグリーンランドの文化や経済は、破壊されることになる。予測が難しいのは、それがいつなのかだ。

気候変動はヒトを含めたあらゆる生物の繁殖パワーを変え、地理分布を変える。甘くない共生のメカニズムの結果として、地域ごとの自然環境や農業環境が大きく変わってしまう。各国の産業構造にも変化が起きるため、国家間のパワーバランスにまで変化が起きるのだ。これはグリーンランドだけの話ではない。地球上のあらゆる地域で自然環境だけでなく国家間の関係が不安定化する懸念がある。

氷期を止める温暖化

地球の気温は、大雑把に言えば、太陽の光をどれだけ受けるか（日射量）と、宇宙へ逃げようとする熱をどれだけ捕まえておけるか（二酸化炭素濃度）によって決まる。

この七〇万年（更新世後期）の地球の気温は約一〇万年の周期で氷期（約九万年）と温暖期（約一万年）が繰り返されてきた。この周期はおもに日射量の変動に影響する離心率（太陽との公転距離の振動）が関係している。他にも、周期がもっと短い地軸の傾きの振動（約四年周期）や歳差運動（約二年周期の自転軸方向の振動）が関与しているが、ここでは省略する。

ケプラーの法則によると、地球は太陽の周りを楕円の軌道を描いて公転している。太陽は楕円の中心から少し離れたところにある。楕円の形は常に一定ではなく、約一〇万年をかけて円に近い楕円になったり横長の楕円になったりするのだ。楕円が横長になる時と円に近い形になる時とでは太陽と地球との距離が変わる。この差が日射量に影響を与え、寒冷期と温暖期のサイクルを生み出すのだ。

現在は最後の氷期からすでに一万年を経過している。つまり、公転軌道はこの一万年ほど円に近かったのだが、次第に楕円に変化しつつあるということだ。単純に考えれば、数千年以内に次の氷期が到来しそうなものだが、いくつかの理由で、次の氷期は回避できそうなのだ。その理由の一つは、たまたまとしか言いようがないが、次の周期の楕円軌道があまり横長にならないことだ。そのため、次の氷期の始まりは五万年後と推定されていた。

ところが、気候変動モデルの研究者たちは五万年後にも氷期は来ないだろうと考え始めている。我々の世代が排出した二酸化炭素は五万年後も漂い続け、寒冷化を起こすレベル（二五〇ｐｐｍ）まで低くならないからだ。

このことに気づくと、化石燃料を使う経済活動の倫理に新しい要素が加わる。次の数世紀だけを考えるなら、ヒトが引き起こす気候変動はほとんどが悲劇的なものになる。だが、五万年、一〇万年後に到来する氷期を回避する効果があることに気づいた時、我々の世代は子孫たちのためにどういう決断をすべきだろうか。

とりあえず二つの選択肢が考えられる。一つは化石燃料を急いで使いつくすことだ。温暖化影響はさらに深刻化するかもしれないが、一五万年後の氷期は回避できるだろう。だがそこまでだ。二五万年後の氷期には人類絶滅の危機が待ち構えている。二つ目は直ちに化石燃料から再生可能エネルギーに転換することだ。一五万年後の氷期までに他の手が見つからなければ、再び化石燃料を使って二酸化炭素を大気に放出することができる。これならば、数回の氷期にも対応できるかもしれない。だがそれには国際的な合意形成が必須だ。協力関係の醸成は氷期の到来にはたして間に合うだろうか。

参考文献

はじめに

加藤則芳『森の聖者――自然保護の父ジョン・ミューア』山と溪谷社、二〇一二年

デーヴィッド・カタークチ『生物多様性という名の革命』（狩野秀之・新妻昭夫・牧野俊一・山下恵子訳）日経BP社、二〇〇六年（一九九六年原著刊）

第1章

ポール&アン・エーリック『絶滅のゆくえ――生物の多様性と人類の危機』（戸田清、青木玲、原子和恵訳）新曜社、一九九二年（一九八一年原著刊）

バックミンスター・フラー『宇宙船地球号操縦マニュアル』（芹沢高志訳）筑摩書房、二〇〇〇年（一九六九年原著刊）

レイチェル・カーソン『沈黙の春』（青樹簗一訳）新潮社、一九七四年（一九六四年原著刊）

米本昌平『地球環境問題とは何か』岩波書店、一九九四年

第2章

ジム・ラブロック『地球生命圏――ガイアの科学』（星川淳訳）工作舎、一九八四年（一九七四年原著刊）
ジム・ラブロック『ガイアの時代――地球生命圏の進化』（星川淳訳）工作舎、一九八九年（一九八八年原著刊）

第3章

サイモン・レヴィン『持続不可能性――環境保全のための複雑系理論入門』（重定南奈子、高須夫悟訳）文一総合出版、二〇〇三年（一九九九年原著刊）
ジョン・オドリングスミー、ケヴィン・ラランド、マルクス・フェルドマン『ニッチ構築――忘れられていた進化過程』（佐倉統、山下篤子、徳永幸彦訳）共立出版、二〇〇七年（二〇〇三年原著刊）

第4章

リチャード・ドーキンス『利己的な遺伝子』（日高敏隆、岸由二、羽田節子、垂水雄二訳）紀伊國屋書店、一九九一年（一九七六年原著刊）
ロバート・アクセルロッド『つきあい方の科学――バクテリアから国際関係まで』（松田裕之訳）ＨＢＪ出版局、

一九八七年（一九八四年原著刊）

第5章

ユヴァル・ノア・ハラリ『ホモ・デウス――テクノロジーとサピエンスの未来』（柴田裕之訳）河出書房新社、二〇一八年（二〇一五年原著刊）
木村資生『生物進化を考える』岩波書店、一九八八年
高木由臣『生老死の進化――生物の「寿命」はなぜうまれたか』京都大学学術出版会、二〇一八年

第6章

チャールズ・R・ダーウィン『人間の進化と性淘汰Ⅱ』（長谷川真理子訳）文一総合出版、二〇〇〇年（一八七一原著刊）
アモツ・ザハヴィ、アヴィシャグ・ザハヴィ『生物進化とハンディキャップ原理――性選択と利他行動の謎を解く』（大貫昌子訳）白揚社、二〇〇一年（一九九七年原著刊）
朝日新聞社『朝日百科　動物たちの地球3』朝日新聞社、一九九四年

第7章

日経サイエンス編集部（編）『別冊日経サイエンス　性とジェンダー――個と社会をめぐるサイエンス』日経サイエンス社、二〇一八年

マーリーン・ズック『性淘汰――ヒトは動物の性から何を学べるのか』（佐藤恵子訳）白揚社、二〇〇八年（二〇〇二年原著刊）

デボラ・ブラム『愛を科学で測った男――異端の心理学者ハリー・ハーロウとサル実験の真実』（藤澤隆史、藤澤玲子訳）白揚社、二〇一四年（一九九四年原著刊）

エドワード・ウィルソン『人間の本性について』（岸由二訳）思索社、一九八〇年（一九七八年原著刊）

第8章

マーリーン・ズック『私たちは今でも進化しているのか？』（渡会圭子訳）文藝春秋、二〇一五年（二〇一三年原著刊）

ヴァイバー・クリガン＝リード『サピエンス異変――新たな時代「人新世」の衝撃』（水谷淳、鍛原多恵子訳）飛鳥新社、二〇一八年（二〇一八年原著刊）

第9章

三中信宏『分類思考の世界——なぜヒトは万物を種に分けるのか』講談社、二〇〇九年

キャロル・キサク・ヨーン『自然を名づける——なぜ生物分類では直感と科学が衝突するのか』（三中信宏、野中香方子訳）NTT出版、二〇一三年（二〇〇九年原著刊）

第10章

ケン・トムソン『外来種のウソ・ホントを科学する』（屋代通子訳）築地書館、二〇一七年（二〇一四年原著刊）

クリス・トマス『なぜわれわれは外来生物を受け入れる必要があるのか』（上原ゆう子訳）原書房、二〇一八年（二〇一七年原著刊）

第11章

環境省レッドリスト2020https://www.env.go.jp/nature/kisho/hozen/redlist/index.html

大串隆之、近藤倫生、椿宜高（編）『群集生態学(6) 新たな保全と管理を考える』京都大学学術出版会、二〇〇九年

第12章

アイリーン・M・ペッパーバーグ『アレックス・スタディ――オウムは人間の言葉を理解するか』（渡辺茂・山崎由美子・遠藤清香訳）共立出版、二〇〇三年（一九九九年原著刊）

エヴァ・メイヤー『言葉を使う動物たち』（安倍恵子訳）柏書房、二〇二〇年（二〇一七年原著刊）

第13章

リチャード・C・フランシス『家畜化という進化――人間はいかに動物を変えたか』（西尾香苗訳）白揚社、二〇一九年（二〇一五年原著刊）

第14章

枝廣淳子『アニマルウェルフェアとは何か――倫理的消費と食の安全』岩波書店、二〇一八年

第15章

リチャード・ランガム『善と悪のパラドックス――ヒトの進化と〈自己家畜化〉の歴史』（依田卓巳訳）NTT出版、二〇二〇年（二〇一九年原著刊）

クリストファー・ボーム『モラルの起源――道徳、良心、利他行動はどのように進化したのか』（斉藤隆央訳）

白楊社、二〇一四年（二〇一二年原著刊）

第16章

山本太郎『感染症と文明――共生への道』岩波新書、二〇一一年
加藤茂孝『人類と感染症の歴史――未知なる恐怖を超えて』丸善出版、二〇一三年
ソニア・シャー『人類五〇万年の闘い――マラリア全史』（夏野徹也訳）太田出版、二〇一五年（二〇一〇年原著刊）
サンドラ・ヘンペル『ビジュアルパンデミック・マップ――伝染病の起源・拡大・根絶の歴史』（竹田誠、武田美文、関谷冬華訳）丸善出版、二〇二〇年（二〇一八年原著刊）
ソニア・シャー『感染源――防御不能のパンデミックを追う』、（上原ゆうこ訳）原書房、二〇一七年（二〇一六年原著刊）

第17章

ジョエル・E・コーエン『新人口論――生態学的アプローチ』（重定南奈子、瀬野裕美、高須夫悟訳）農山漁村文化協会、一九九八年（一九九五年原著刊）
トーマス・R・マルサス『人口論』中央公論社（永井義雄訳）、二〇一九年（一七九八年原著刊）

第18章

ジェームズ・C・スコット『反穀物の人類史――国家誕生のディープヒストリー』(立木勝訳) みすず書房、二〇一九年(二〇一七年原著刊)

ジャレド・ダイアモンド『銃・病原菌・鉄――一万三〇〇〇年にわたる人類史の謎』(倉骨彰訳) 草思社、二〇〇〇年(一九九七年原著刊)

第19章

カート・ステージャ『一〇万年の未来地球史――気候、地形、生命はどうなるか』(小宮繁訳) 日経BP社、二〇一二年(二〇一一年原著刊)

クリストフ・ボヌイユ、ジャン＝バティスト・フレソズ『人新世とは何か――〈地球と人類の時代〉の思想史』(野坂しおり訳) 青土社、二〇一八年(二〇一六年原著刊)

事項索引

［ナ行］

［ハ行］

人名索引

生物・生物グループ名索引

椿　宜高（つばき　よしたか）

京都大学名誉教授

1948年福岡県に生まれる。九州大学大学院理学研究科博士課程中退（理学博士）。九州大学理学部助手、名古屋大学農学部助手、国立環境研究所上席研究官、東京大学農学生命科学研究科教授、京都大学生態学研究センター教授、センター長を歴任。2013年定年退職の後、京都産業大学講師、個体群生態学会会長、Worldwide Dragonfly Association会長などを歴任。

【主な著書】

『トンボの繁殖システムと社会構造』（共著、東海大学出版会、1987年）、“The ecology and evolutionary biology of swallowtail butterflies”（共編著、Scientific Publishers、1995年）、『熱帯林の減少――地球環境の行方』（共著、中央法規出版、1996年）、『新しい地球環境学』（分担執筆、古今書院、2000年）、『蝶の自然史――行動と生態の進化学』（分担執筆、北海道大学出版会、2000年）、『新たな保全と管理を考える（シリーズ群集生態学6）』（共編著、京都大学学術出版会、2009年）、『地球環境と保全生物学（現代生物科学入門6）』（共著、岩波書店、2010年）

学術選書

自然に学ぶ「甘くない」共生論

学術選書 112

2023年7月15日　初版第1刷発行

著　　　者…………椿　宜高
発　行　人…………足立　芳宏
発　行　所…………京都大学学術出版会
京都市左京区吉田近衛町69
京都大学吉田南構内（〒606-8315）
電話（075）761-6182
FAX（075）761-6190
振替 01000-8-64677
URL http://www.kyoto-up.or.jp

印刷・製本…………㈱太洋社

装　　　幀…………上野かおる

ISBN 978-4-8140-0493-5

定価はカバーに表示してあります
Printed in Japan

学術選書［既刊一覧］

＊サブシリーズ「心の宇宙」→心 「宇宙と物質の神秘に迫る」→宇 「諸文明の起源」→諸

039 新編 素粒子の世界を拓く 湯川・朝永から南部・小林・益川へ 佐藤文隆 監修
040 文化の誕生 ヒトが人になる前 杉山幸丸
041 アインシュタインの反乱と量子コンピュータ 佐藤文隆
042 災害社会 川崎一朗
043 ビザンツ 文明の継承と変容 井上浩一 諸 8
044 江戸の庭園 将軍から庶民まで 飛田範夫
045 カメムシはなぜ群れる？ 離合集散の生態学 藤崎憲治
046 異教徒ローマ人に語る聖書 創世記を読む 秦 剛平
047 古代朝鮮 墳墓にみる国家形成 吉井秀夫 諸 13
048 王国の鉄路 タイ鉄道の歴史 柿崎一郎
049 世界単位論 高谷好一
050 書き替えられた聖書 新しいモーセ像を求めて 秦 剛平
051 オアシス農業起源論 古川久雄
052 イスラーム革命の精神 嶋本隆光
053 心理療法論 伊藤良子 心 7
054 イスラーム 文明と国家の形成 小杉 泰 諸 4
055 聖書と殺戮の歴史 ヨシュアと士師の時代 秦 剛平
056 大坂の庭園 太閤の城と町人文化 飛田範夫
057 歴史と事実 ポストモダンの歴史学批判をこえて 大戸千之
058 神の支配から王の支配へ ダビデとソロモンの時代 秦 剛平
059 古代マヤ 石器の都市文明［増補版］ 青山和夫 諸 11
060 天然ゴムの歴史 ヘベア樹の世界一周オデッセイから「交通化社会」へ こうじや信三
061 わかっているようでわからない数と図形と論理の話 西田吾郎
062 近代社会とは何か ケンブリッジ学派とスコットランド啓蒙 田中秀夫
063 宇宙と素粒子のなりたち 糸山浩司・横山順一・川合 光・南部陽一郎
064 インダス文明の謎 古代文明神話を見直す 長田俊樹
065 南北分裂王国の誕生 イスラエルとユダ 秦 剛平
066 イスラームの神秘主義 ハーフェズの智慧 嶋本隆光
067 愛国とは何か ヴェトナム戦争回顧録を読む ヴォー・グエン・ザップ著・古川久雄訳・解題
068 景観の作法 殺風景の日本 布野修司
069 空白のユダヤ史 エルサレムの再建と民族の危機 秦 剛平
070 ヨーロッパ近代文明の曙 描かれたオランダ黄金世紀 樺山紘一 諸 10
071 カナディアンロッキー 山岳生態学のすすめ 大園享司
072 マカベア戦記㊤ ユダヤの栄光と凋落 秦 剛平
073 異端思想の500年 グローバル思考への挑戦 大津真作
074 マカベア戦記㊦ ユダヤの栄光と凋落 秦 剛平
075 懐疑主義 松枝啓至
076 埋もれた都の防災学 都市と地盤災害の2000年 釜井俊孝

077 集成材〈木を超えた木〉開発の建築史　小松幸平
078 文化資本論入門　池上　惇
079 マングローブ林　変わりゆく海辺の森の生態系　小見山　章
080 京都の庭園　御所から町屋まで㊤　飛田範夫
081 京都の庭園　御所から町屋まで㊦　飛田範夫
082 世界単位日本　列島の文明生態史　高谷好一
083 京都学派　酔故伝　櫻井正一郎
084 サルはなぜ山を下りる？　野生動物との共生　室山泰之
085 生老死の進化　生物の「寿命」はなぜ生まれたか　高木由臣
086 ？👁！　哲学の話　朴　一功
087 今からはじめる哲学入門　戸田剛文 編
088 どんぐりの生物学　ブナ科植物の多様性と適応戦略　原　正利
089 何のための脳？　AI時代の行動選択と神経科学　平野丈夫
090 宅地の防災学　都市と斜面の近現代　釜井俊孝
091 発酵学の革命　マイヤーホッフと酒の旅　木村　光
092 股倉からみる『ハムレット』シェイクスピアと日本人　芦津かおり
093 学習社会の創造　働きつつ学び貧困を克服する経済を　池上　惇
094 歌う外科医、介護と出逢う　肝移植から高齢者ケアへ　阿曽沼克弘
095 中国農漁村の歴史を歩く　太田　出
096 生命の惑星　ビッグバンから人類までの地球の進化㊤　C・H・ラングミューアーほか著　宗林由樹 訳
097 生命の惑星　ビッグバンから人類までの地球の進化㊦　C・H・ラングミューアーほか著　宗林由樹 訳
098 「型」の再考　科学から総合学へ　大庭良介
099 色を分ける　色で分ける　日髙杏子
100 ベースボールと日本占領　谷川建司
101 タイミングの科学　脳は動作をどうコントロールするか　乾　信之
102 乾燥地林　知られざる実態と砂漠化の危機　吉川　賢
103 異端思想から近代的自由へ　大津真作
104 日本書紀の鳥　山岸　哲・宮澤豊穂
105 池上四郎の都市計画　大阪市の経験を未来に　池上　惇
106 弁論の世紀　古代ギリシアのもう一つの戦場　木曽明子
107 ホメロスと色彩　西塔由貴子
108 女帝と道化のロシア　坂内徳明
109 脳はどのように学ぶのか　教育×神経科学からのヒント　乾　信之
110 デザインは間違う　デザイン方法論の実践知　松下大輔
111 ハイデッガーとギリシア悲劇　秋富克哉
112 自然に学ぶ「甘くない」共生論　椿　宜高